Mathematisch=Physikalische Bibliothek

Unter Mitwirkung von Fachgenossen herausgegeben von

Oberstud.-Dir. Dr. **W. Lietzmann** und Oberstudienrat Dr. **A. Witting**
Fast alle Bändchen enthalten zahlreiche Figuren. kl. 8.

Die Sammlung, die in einzeln käuflichen Bändchen in zwangloser Folge herausgegeben wird, bezweckt, allen denen, die Interesse an den mathematisch-physikalischen Wissenschaften haben, es in angenehmer Form zu ermöglichen, sich über das gemeinhin in den Schulen Gebotene hinaus zu belehren. Die Bändchen geben also teils eine Vertiefung solcher elementarer Probleme, die allgemeinere kulturelle Bedeutung oder besonderes wissenschaftliches Gewicht haben, teils sollen sie Dinge behandeln, die den Leser, ohne zu große Anforderungen an seine Kenntnisse zu stellen, in neue Gebiete der Mathematik und Physik einführen.

Bisher sind erschienen: (1912/26):

Der Gegenstand der Mathematik im Lichte ihrer Entwicklung. Von H. Wieleitner. (Bd. 50.)
Beispiele z. Geschichte d. Mathematik. Von A. Witting u. M. Gebhardt. 2. Aufl. (Bd. 15.)
Ziffern und Ziffernsysteme. Von E. Löffler. 2., neubearb. Aufl. I: Die Zahlzeichen d. alt. Kulturvölker. II: Die Zahlzeichen im Mittelalter u. i. d. Neuzeit. (Bd. 1 u. 34.)
Der Begriff der Zahl in seiner logischen und historischen Entwicklung. Von H. Wieleitner. 2., durchges. Aufl. (Bd. 2.)
Wie man einstens rechnete. Von E. Fettweis. (Bd. 49.)
Rechnen der Naturvölker. Von E. Fettweis. (Bd. 71.)
Archimedes. Von A. Czwalina. (Bd. 64.)
Die 7 Rechnungsarten mit allgemeinen Zahlen. Von H. Wieleitner. 2. Aufl. (Bd. 7.)
Abgekürzte Rechnung. Nebst einer Einführung in die Rechnung mit Logarithmen. Von A. Witting. (Bd. 47.)
Interpolationsrechnung. Von B. Heyne. [In Vorber. 1926.]
Wahrscheinlichkeitsrechnung. Von O. Meißner. 2. Auflage. I: Grundlehren. II: Anwendungen. (Bd. 4 u. 33.)
Korrelationsrechnung. Von F. Baur. [U. d. Pr. 1926.]
Die Determinanten. Von L. Peters. (Bd. 65.)
Mengenlehre. Von K. Grelling. (Bd. 58.)
Einführung in die Infinitesimalrechnung. Von A. Witting. 2. Aufl. I: Die Differentialrechnung. II: Die Integralrechnung. (Bd. 9 u. 41.)
Gewöhnliche Differentialgleichungen. Von K. Fladt. (Bd. 72.)
Unendliche Reihen. Von K. Fladt. (Bd. 61.)
Kreisevolventen und ganze algebraische Funktionen. Von H. Onnen. (Bd. 51.)
Konforme Abbildungen. Von E. Wicke. [U. d. Pr. 1926.]
Vektoranalysis. Von L. Peters. (Bd. 57.)
Ebene Geometrie. Von B. Kerst. (Bd. 10.)
Der pythagoreische Lehrsatz mit einem Ausblick auf das Fermatsche Problem. Von W. Lietzmann. 3. Aufl. (Bd. 3.)
Der Goldene Schnitt. Von H. E. Timerding. 2. Aufl. (Bd. 32.)
Einführung in die Trigonometrie. Von A. Witting. (Bd. 43.)
Sphärische Trigonometrie. Kugelgeometrie in konstruktiver Behandlung. Von L. Balser. (Bd. 69.)
Methoden zur Lösung geometrischer Aufgaben. Von B. Kerst. 2. Aufl. (Bd. 26.)
Nichteuklidische Geometrie in der Kugelebene. Von W. Dieck. (Bd. 31.)
Einführung in die darstellende Geometrie. Von W. Kramer. I. Teil: Senkr. Projektion auf eine Tafel. (Bd. 66.) II. Teil: Grund- und Aufrißverfahren. Allgemeine Parallelprojektion. Perspektive. [U. d. Pr. 1926.] (Bd. 67.)

Fortsetzung siehe 3. Umschlagseite

Springer Fachmedien Wiesbaden GmbH

MATHEMATISCH-PHYSIKALISCHE BIBLIOTHEK
HERAUSGEGEBEN VON W. LIETZMANN UND A. WITTING
68

DAS DELISCHE PROBLEM
(DIE VERDOPPELUNG DES WÜRFELS)

VON

DR. ALOYS HERRMANN

1927

SPRINGER FACHMEDIEN WIESBADEN GMBH

ISBN 978-3-663-15613-0   ISBN 978-3-663-16187-5 (eBook)
DOI 10.1007/978-3-663-16187-5

ALLE RECHTE, EINSCHLIESSLICH DES ÜBERSETZUNGSRECHTS, VORBEHALTEN.

VORWORT

Dieses Büchelchen wendet sich in erster Linie an die Schüler der oberen Klassen höherer Lehranstalten. Das Problem von der Würfelverdoppelung schien mir besonders gut dazu geeignet, zu zeigen, daß die Mathematik nicht eine Sammlung starrer Formeln darstellt, sondern mit Leben erfüllt ist. Es lag in meiner Absicht, unter Berücksichtigung historischer Momente zunächst durch die Behandlung einzelner Fragen algebraischer und geometrischer Natur Grundlagen zu schaffen, um dann gegen Schluß eine Synthese vorzunehmen, die ihren Ausdruck in dem Unmöglichkeitsbeweis der Lösung des Problems findet. Möge dieses kleine Heftchen dazu beitragen, besonders bei den jungen Lesern, das Interesse an der reinen Mathematik zu wecken und zu fördern!

Cöthen, im Oktober 1926.

Der Verfasser.

INHALT

	Seite
I. Einleitung: Über die Geschichte des Problems.	7
II. Etwas über Rationalitätsbereiche	8
1. Der Körper der rationalen Zahlen	8
2. Nichtrationale Zahlen.	9
3. Adjunktion. Algebraische Zahlkörper	12
4. Klassifikation der Zahlen	14
5. Sukzessive Adjunktion	18
III. Die Zahlengerade. Geometrische Bedeutung von Zahlenbeziehungen	19
1. Die Bildpunkte der rationalen Zahlen	19
2. Die Bildpunkte der reellen Zahlen	20
3. Die Zahlenpaare und ihre Bildpunkte	21
4. Die Gleichung der Geraden und die Kreisgleichung.	22
5. Einige Aufgaben	25
IV. Zirkelkonstruktionen und Rationalitätsbereiche	28
1. Die Addition, Subtraktion, Multiplikation und Division von Strecken	28
2. Die Konstruktion der Wurzeln einer quadratischen Gleichung	29
3. Die Geometrische Bedeutung der Adjunktion einer Quadratwurzel.	31
V. Die geometrische Algebra	32
1. Geometrische Darstellung arithmetischer Beziehungen	32
2. Die geometrische Auflösung quadratischer Gleichungen bei den Griechen	36
3. Die „Einschiebungen". Die Dreiteilung des Winkels	38
4. Die Muschellinie und der Conchoidenzirkel des Nikomedes.	40
VI. Die Verdoppelung des Würfels nach Plato, Menächmus und Nikomedes	41
1. Das Delische Problem und die Konstruktion der zwei mittleren Proportionalen	41
2. Die Lösung von Plato	43
3. Die Lösung von Menächmus	44
4. Die Lösung des Problems mit der Conchoide durch Nikomedes	45
5. Das Mesolabium des Eratosthenes und das Delische Problem	48

Inhalt

Seite

VII. Die Nichtkonstruierbarkeit einer Wurzel einer kubischen Gleichung. (Unlösbarkeit des Delischen Problems) . 49
1. Das Delische Problem als Problem der Algebra . 49
2. Konstruierbarkeit und Nichtkonstruierbarkeit der Wurzeln einer kubischen Gleichung 49
3. Die Unlösbarkeit des Problems 53

VIII. Regelmäßiges Siebeneck und Quadratur des Kreises 54
1. Regelmäßige n-Ecke 54
2. Komplexe Zahlen 54
3. Komplexe Zahlenebene und regelmäßiges Siebeneck 55
4. Die Nichtkonstruierbarkeit des regelmäßigen Siebenecks 56
5. Die Quadratur des Kreises 57

I. EINLEITUNG: ÜBER DIE GESCHICHTE DES PROBLEMS

Zu Beginn eine Legende: Zu den Zeiten Plutarchs (400 v. Chr.) wütete in Griechenland auf der Insel Delos die Pest. In ihrer Not wendeten sich die Delier an das Orakel von Delphi, um zu erfahren, was zu tun wäre, um dem Unglück abzuhelfen. Das Orakel gab den Auftrag, man solle des Gottes Altar, der die Gestalt eines Würfels hatte, verdoppeln. Zunächst bewirkte man dies unter Änderung der Gestalt. Trotzdem wollte die Pest nicht aufhören. Auf eine nochmalige Anfrage hin erfuhr man, daß der Altar Würfelgestalt behalten müsse. Zur geometrischen Konstruktion standen nur Zirkel und Lineal zur Verfügung. Dieses, dem Anscheine nach so einfache Problem bot aber unüberwindliche Schwierigkeiten. Deshalb wendete man sich an Plato, und gleich wurde das Problem der Verdoppelung des Würfels — das Delische Problem — Mittelpunkt der geometrischen Bestrebungen. Es wurden auch bald eine Anzahl von Lösungen durch Konstruktionen angegeben. Platos Schüler Menächmus entdeckte Ellipse, Parabel und Hyperbel und benutzte sie zur Lösung. Nikomedes erfand die Conchoide, Diocles die Cissoide. Trotzdem, die Lösung mit alleiniger Anwendung von Lineal und Zirkel gelang nicht. Ein in diesem Sinne ähnlich unlösbares Problem war zu gleicher Zeit die Dreiteilung des Winkels. Erst in neuerer Zeit haben diese zweitausendjährigen Fragen ihre endgültige Erledigung gefunden durch den „Archimedes des 19. Jahrhunderts" C. F. Gauß (1777—1855), und zwar hat Gauß gezeigt, daß für die Probleme unter alleiniger Anwendung von Zirkel und LinEal keine allgemeine Lösung existiert.

Über die Geschichte der Entstehung des Problems von der Würfelverdoppelung sind wir ziemlich gut unterrichtet. Eine ältere Sage von Minos in Kreta erzählt der griechische Mathematiker Eratosthenes in einem Briefe an den König Ptolemäus von Ägypten. Diesen Brief überlieferte Eutocius (6. Jahrh. n. Chr.) in einem Kommentar zu der Schrift von Archimedes über „Kugel und Zylinder". Wir zitieren den Anfang dieses Briefes, der auch

8   I. Einleitung: Über die Geschichte des Problems

die Auflösungen der Alten enthält, u. a. auch eine von **Eratosthenes** selbst erfundene, mit Hilfe eines dazu konstruierten Apparates, des **Mesolabiums**. Eratosthenes schreibt[1]): „Dem Könige Ptolemäus wünscht Eratosthenes Glück und Wohlsein. Von den alten Tragödiendichtern, sagt man, habe einer den Minos, wie er dem Glaukos ein Grabmal errichten ließ, und hörte, daß es auf allen Seiten 100 Fuß haben werde, sagen lassen:

Zu klein entwarfst du mir die königliche Gruft,
Verdopple sie; des Würfels doch verfehle nicht!

Man untersuchte aber auch von seiten der Geometer, auf welche Weise man einen gegebenen Körper, ohne daß er seine Gestalt veränderte, verdoppeln könnte, und nannte die Aufgabe der Art des Würfels Verdoppelung; denn einen Würfel zugrunde legend suchte man diesen zu verdoppeln. Während nun lange Zeit hindurch alle ratlos waren, entdeckte zuerst der Chier Hippokrates, daß, wenn man herausbrächte, zu zwei gegebenen geraden Linien, wo die größere der kleineren Doppeltes wäre, zwei mittlere Proportionalen von stetigem Verhältnisse zu ziehen, der Würfel verdoppelt werden könnte; wonach er dann eine Ratlosigkeit in eine andere nicht geringere Ratlosigkeit verwandelte."

Hiermit schließen wir diese historischen Berichte. Die folgenden Auseinandersetzungen stellen nun den Versuch dar, dem Leser den tieferen Inhalt des „Delischen Problems" etwas näher zu bringen. Wir werden sehen, wie die alten Mathematiker die mechanische Konstruktion versucht haben. Dann werden wir dazu übergehen uns klarzumachen, welche Gründe es hat, daß die neuere Mathematik die Lösung des Problems von der Verdoppelung des Würfels unter alleiniger Anwendung von Zirkel und Lineal für unmöglich erklärt. Da ein strenger mathematischer Beweis aber die uns hier gezogenen Grenzen überschritte, so werden unsere Ausführungen uns nur den zur Lösung beschrittenen Weg andeuten und uns im Anschluß daran das Urteil der neueren Mathematik als plausibel erscheinen lassen. Wir beginnen im folgenden Kapitel mit einer Skizzierung der Grundlagen.

II. ETWAS ÜBER RATIONALITÄTSBEREICHE

1. Der Körper der rationalen Zahlen.[2]) Wenn wir im Bereich der gewöhnlichen ganzen Zahlen 1, 2, 3, 4, 5, ... die Addition oder Multiplikation ausführen, so führt unser Resultat nicht

---

1) Anmerkung: Vgl. Cantor, Geschichte der Mathematik. Bd. 1.
2) Vergleiche die Bändchen von Wieleitner in dieser Sammlung.

2. Nichtrationale Zahlen

aus diesem Bereiche heraus. D. h. wenn wir zwei bestimmte Zahlen a und b aus der Folge 1, 2, 3,... herausgreifen und sie durch die Addition bzw. Multiplikation miteinander verknüpfen, so erhalten wir als Verknüpfungsresultat eine Zahl x oder y, die sicher wieder unserer Folge angehört. Man kann also immer eine Zahl x oder y finden, so daß die Gleichung

$$a + b = x$$
oder
$$a \cdot b = y$$

bei gegebenem a und b erfüllt wird.

Dagegen zeigen die Subtraktion und die Division nur eine beschränkte Zulässigkeit, solange wir im Bereiche der gewöhnlichen positiven ganzen Zahlen bleiben. Erweitern wir aber unseren Bereich durch Hinzunahme der Null sowie der negativen und gebrochenen Zahlen, dann gelangen wir zu einem System, den sogenannten „rationalen Zahlen", das so ausgedehnt ist, daß in ihm die vier Grundrechnungsarten (wenn man den einzigsten Fall der Division durch Null ausschließt!) ausführbar sind. Dieses System von Zahlen ist ein einfaches Beispiel eines sog. Rationalitätsbereiches oder Zahlenkörpers. Wenn im folgenden von einem Rationalitätsbereich die Rede sein wird, so wollen wir darunter ein Zahlengebiet verstehen, das so groß und in sich abgeschlossen ist, daß in ihm die rationalen Rechenoperationen: die Addition, die Subtraktion, die Multiplikation und die Division (mit Ausnahme der Division durch Null) unbeschränkt und eindeutig ausführbar sind. Sämtliche Zahlen dieses „Körpers der rationalen Zahlen" (also alle positiven und negativen ganzen und gebrochenen Zahlen!) lassen sich in der Form $\frac{m}{n}$ schreiben, wobei m und n ganze Zahlen bedeuten.

2. Nichtrationale Zahlen. Da das Produkt zweier Elemente des Systems (d. h. zweier Zahlen), die natürlich gleich oder verschieden sein können, dem Körper angehört, wir also nicht aus dem Gebiete herausgeführt werden, so enthält dieser naturgemäß auch alle Potenzen eines Elementes. Umgekehrt können wir aber nicht sagen, daß man jedes Element als Potenz einer Zahl unseres Systems auffassen kann. Z. B. können wir die Zahl 27 ansehen als dritte Potenz einer

II. Etwas über Rationalitätsbereiche

Zahl unseres Körpers, nämlich des Elementes 3, oder das Element 4 als zweite Potenz, also das Quadrat der Zahl 2; aber es existiert keine rationale Zahl, deren Quadrat 2 ist. Der Beweis dieser Tatsache ist einfach. Denn soll es eine rationale Zahl geben, deren Quadrat gleich 2 ist, so heißt das, es muß $\left(\frac{m}{n}\right)^2 = 2$ sein, wobei der Bruch $\frac{m}{n}$ in reduzierter Form angenommen sei, d. h. etwaige gemeinsame Faktoren seien weggekürzt. Man nennt dann bekanntlich m und n zueinander „relativ prim" oder teilerfremd.

Wir können und wollen diese Voraussetzung über den Bruch $\frac{m}{n}$ machen. Der Kernpunkt des Beweises besteht nun darin, daß wir unter dieser Voraussetzung einen Widerspruch herleiten, nämlich den, daß Zähler und Nenner trotzdem den gemeinsamen Teiler 2 haben müssen, wenn das Quadrat von $\frac{m}{n}$ gleich 2 sein soll. Der als reduziert angenommene Bruch $\frac{m}{n}$ wäre also nicht reduziert. Zum Beweise benutzt man die Tatsache, daß das Quadrat einer geraden Zahl sicher gerade, das einer ungeraden Zahl sicher ungerade ist. Dies ist formal ohne weiteres einleuchtend. Denn eine gerade Zahl s' ist durch 2 teilbar; also kann man sie auch als Produkt darstellen, dessen einer Faktor 2 ist, also

$$s' = 2s,$$

wo dann die ganze Zahl s gerade oder ungerade sein kann. Jedenfalls läßt sich jede gerade Zahl s' in dieser Form schreiben. Die auf die Zahl s' folgende Zahl in der natürlichen Zahlenreihe ist $s' + 1$. Sie ist sicher ungerade. Demnach kann man jede ungerade Zahl s'' in der Form schreiben:
$$s'' = 2s + 1.$$

Also: Jede Zahl der Gestalt $2s$ ist gerade, und jede Zahl der Gestalt $2s + 1$ ist ungerade.

Das Quadrat einer geraden Zahl ist demnach sicher gerade. Das Quadrat einer ungeraden Zahl ist sicher ungerade, weil ja $(2s + 1)^2 = 4s^2 + 4s + 1 = 2 \cdot (2s^2 + 2s) + 1 = 2t + 1$ ist. Bedenkt man dies, so folgt aus der sich aus $\left(\frac{m}{n}\right)^2 = 2$ er-

2. Nichtrationale Zahlen

gebenden Gleichung: $m^2 = 2n^2$,

daß m gerade ist, da sein Quadrat gleich ist der sicher geraden Zahl $2n^2$. Wir können also von der Zahl m den Faktor 2 abspalten, also es ist

$$m = 2m',$$

also
$$4m'^2 = 2n^2$$
$$2m'^2 = n^2.$$

Aus dieser letzten Gleichung folgt nach demselben Schluß, daß auch der Nenner n den Faktor 2 enthalten müßte. Demnach wären m und n nicht relativ prim, also hätten sie entgegen unserer Annahme einen gemeinsamen Faktor. Die Voraussetzung, daß es eine rationale Zahl $\frac{m}{n}$ gibt, deren Quadrat die Zahl 2 liefert, führt also zu einem Widerspruch. Denn wir hatten erlaubterweise Zähler und Nenner des Bruches $\frac{m}{n}$ ohne gemeinsame Faktoren angenommen und wir haben gesehen, daß, falls die Zahl $\frac{m}{n}$, deren Quadrat gleich 2 ist, existiert, Zähler und Nenner dieser Zahl den gemeinsamen Faktor 2 haben müssen. Die Annahme, daß es eine rationale Größe $\frac{m}{n}$ gibt, die zur zweiten Potenz erhoben die Zahl 2 liefert, erweist sich als unsinnig. Unsere Gleichung

$$x^2 = 2$$

kann daher in unserem oben angegebenen Zahlkörper keine Lösung besitzen.

Ganz entsprechend ergibt sich auch der Beweis, <u>daß es keine rationale Zahl geben kann, deren dritte Potenz gleich 2 ist.</u> Es müßte dazu

$$m^3 = 2n^3$$

sein. Der Leser kann sich nach dem vorhergehenden leicht klarmachen, daß auch hier m eine gerade Zahl sein müßte, also

$$m = 2m'.$$

Es müßte also auch
$$(2m')^3 = 2n^3$$
$$8m'^3 = 2n^3$$
$$4m'^3 = n^3$$

sein. Und hieraus ergäbe sich, daß n ebenfalls gerade sein müßte; der Bruch $\frac{m}{n}$ könnte also noch durch 2 gekürzt werden, entgegen der erlaubten Annahme der Reduziertheit. Demnach ist auch die Nichtexistenz einer rationalen Zahl erwiesen, deren dritte Potenz gleich 2 ist.

3. Adjunktion. Algebraische Zahlkörper. Führen wir durch eine Definition eine neue Größe ein — die Wurzel aus 2 —, die die Eigenschaft haben soll, ins Quadrat erhoben die Zahl 2 zu ergeben, so gehört sie als „Zahl" betrachtet gewiß nicht zum Körper der rationalen Zahlen. Wollen wir unseren Rationalitätsbereich so gestalten, daß die Wurzel aus 2 in ihm vorkommt, so erreichen wir dies einfach dadurch, daß wir die Wurzel aus 2 als gleichberechtigte Zahl zu den Zahlen unseres Körpers hinzunehmen. Das Hinzufügen der nicht rationalen Zahl $\sqrt{2}$ zu den rationalen Zahlen nennt man eine „Adjunktion". Dadurch, daß wir diese Adjunktion vornehmen, die $\sqrt{2}$ „adjungieren", haben wir unser Ziel erreicht: Die Wurzel der Gleichung $x^2 - 2 = 0$ kommt nun in unserem Bereiche vor. Räumen wir nun dieser Zahl noch dieselben Rechte ein, die die rationalen Zahlen genießen, d. h. nehmen wir nun noch die vier elementaren Rechenoperationen vor, dann gelangen wir wieder zu einem Bereich, dessen Elemente ein System von Zahlen darstellen, das die charakteristischen Merkmale eines Körpers aufweist. Wir haben unserer neuen Zahl $\sqrt{2}$ die „Bürgerrechte" der rationalen Zahlen verliehen. Nachdem wir Addition, Subtraktion, Multiplikation und Division einer rationalen mit dieser neuen Zahl sinngemäß definiert haben, steht uns nichts im Wege, sie mit der rationalen Zahl b zu multiplizieren, außerdem dürfen wir die so erhaltene Zahl $b \cdot \sqrt{2}$ zu dem rationalen Element a addieren und erhalten $a + b\sqrt{2}$ als Zahl, die unserem neuen Körper sicherlich angehört. Es ist leicht einzusehen, daß man in dieser Form $a + b\sqrt{2}$ alle Zahlen des neugewonnenen Rationalitätsbereiches darstellen kann, wenn man a und b unabhängig voneinander alle rationalen Zahlen durchlaufen läßt. Wir haben es wirklich mit einem Rationalitätsbereiche zu tun. Denn verknüpfen wir die Zahlen $a + b\sqrt{2}$

3. Adjunktion. Algebraische Zahlkörper

und $r + s\sqrt{2}$ durch die Addition, Subtraktion, Multiplikation und Division, so ist das Verknüpfungsresultat auch wieder von der Gestalt $u + v\sqrt{2}$. (u und v rational!) Denn

$$(a + b\sqrt{2}) \pm (r + s\sqrt{2}) = (a \pm r) + (b \pm s)\sqrt{2} = u_1 + v_1\sqrt{2}$$
$$(a + b\sqrt{2}) \cdot (r + s\sqrt{2}) = ar + bs(\sqrt{2})^2 + as\sqrt{2} + br\sqrt{2}$$
$$= (ar + 2bs) + (as + br)\sqrt{2} = u_2 + v_2\sqrt{2}$$
$$\frac{a + b\sqrt{2}}{r + s\sqrt{2}} = \frac{(a + b\sqrt{2})(r - s\sqrt{2})}{r^2 - 2s^2}$$
$$= \frac{ar - 2bs}{r^2 - 2s^2} + \frac{br - as}{r^2 - 2s^2} \cdot \sqrt{2} = u_3 + v_3\sqrt{2}.$$

Da r und s rationale Zahlen sind, kann der Nenner $r^2 - 2s^2$ nicht Null werden. Zum Unterschied von dem Körper der rationalen Zahlen $K\left(\frac{m}{n}\right)$ werden wir in nicht mißzuverstehender Weise den durch $\sqrt{2}$ erweiterten Körper mit $K(\sqrt{2})$ kurz bezeichnen. Natürlich ist $K(\sqrt{2})$ ausgedehnter als $K\left(\frac{m}{n}\right)$, d. h. letzterer ist nur ein Teilkörper dieses größeren.

Wir sind also durch Adjunktion einer Wurzel x einer quadratischen Gleichung — nämlich dieser $x^2 = 2$ — zu einem neuen, einem sogenannten algebraischen Zahlenkörper gelangt. Wäre die Wurzel der quadratischen Gleichung schon Element des rationalen Körpers gewesen, so hätte ihre Adjunktion natürlich keine Erweiterung bewirkt. Naturgemäß kann man von einem schon erweiterten Zahlkörper durch nochmalige Adjunktion wiederum zu einem neuen Körper emporsteigen, der dann den ersten erweiterten Bereich und selbstverständlich den rationalen Zahlkörper als Teil oder Unterkörper enthält.

Den Weg, den wir dabei zu beschreiten haben, ist, analog wie eben, der: Wir greifen aus dem Körper, den wir durch Adjunktion von $\sqrt{2}$ zu dem rationalen Zahlenkörper erhielten, ein Element heraus, also eine Zahl $a + b\sqrt{2}$, das nicht das Quadrat einer Zahl dieser Gestalt ist. Eine derartige Zahl kann man immer finden. Z. B. gehört die 5, als rationale Zahl $(5 + 0 \cdot \sqrt{2}!)$, sicherlich unserem ersten er-

II. Etwas über Rationalitätsbereiche

weiteren Körper an, aber in ihm gibt es **keine** Zahl, deren Quadrat 5 ergibt, und die sich dabei auf die Gestalt $x + y\sqrt{2}$ bringen ließe. Mit anderen Worten: die Wurzel der Gleichung $x^2 - 5 = 0$ gehört dem Körper $K(\sqrt{2})$ **nicht** an. Nehmen wir die Zahl $\sqrt{5}$ als vollwertiges Mitglied unter die Elemente $a + b\sqrt{2}$ auf, also lassen wir sie sich auch an den Additionen, Subtraktionen, Multiplikationen und Divisionen beteiligen, dann sind wir zu einem Bereich gelangt, den wir leichtverständlich mit $K(\sqrt{2}, \sqrt{5})$ zu bezeichnen hätten.

Bei der Zusammensetzung dieses neuen Rationalitätsbereiches sind wir von der Gleichung $x^2 - 5 = 0$ ausgegangen. Wir hätten selbstverständlich ebenso gut von irgendeiner Gleichung

$$x^2 - A = 0$$

ausgehen können, wo A nicht gerade rational, sondern ein Element $a + b\sqrt{2}$ mit von Null verschiedenem b gewesen wäre. <u>Damit diese Gleichung eine in $K(\sqrt{2})$ nicht vorhandene Wurzel liefert, braucht man $A = a + b\sqrt{2}$ nur geeignet zu wählen.</u> Denn die Wurzel $x = p + q\sqrt{2}$ kommt in $K(\sqrt{2})$ <u>nicht vor, wenn die beiden Gleichungen</u>

$$a = p^2 + 2q^2$$
$$b = 2pq$$

<u>nicht erfüllbar sind.</u>

4. Klassifikation der Zahlen. Nun wollen wir uns einmal näher die aus rationalen Operationen und Quadratwurzelausziehungen gebildeten Zahlen ansehen und sie in einem bestimmten Sinne klassifizieren. Der einfachste Fall liegt offenbar dann vor, wenn nur **eine** nicht ausziehbare Quadratwurzel vorkommt. Wir hatten gesehen, daß wir alle Zahlen des Körpers $K(\sqrt{2})$ in der Form

$$u + v\sqrt{2}$$

darstellen konnten, wo u und v gewöhnliche rationale Zahlen waren. Ebenso kann man zeigen, daß, wenn $\sqrt{D}$ nicht ausziehbar ist, der durch Adjunktion von $\sqrt{D}$ zum Körper der

4. Klassifikation der Zahlen

rationalen Zahlen entstehende Körper $K(\sqrt{D})$ nur Zahlen von der Form
$$u + v\sqrt{D}$$
enthält. Diesen Körper $K(\sqrt{D})$ können wir uns auch entstanden denken durch Adjunktion einer Zahl $a' + b'\sqrt{D}$ (wo a' und b' rational sind!) zu $K\left(\frac{m}{n}\right)$. Der Körper $K(a' + b'\sqrt{D})$ ist derselbe wie $K(\sqrt{D})$, weil ja nur die rationalen Rechenoperationen erlaubt sind in diesem Bereiche und er deshalb auch nur Zahlen $u + v\sqrt{D}$ enthält.

Da nun die Zahl $a' + b'\sqrt{D}$ die Wurzel[1]) einer gleich anzugebenden quadratischen Gleichung ist, deren Koeffizienten A, B rationale Zahlen sind, so können wir auch sagen, daß durch Adjunktion einer Wurzel einer allgemeinen quadratischen Gleichung (wenn die Wurzel nicht rational ist!) ein algebraischer (quadratischer!) Zahlkörper konstituiert wird. <u>Die quadratische Gleichung mit rationalen Zahlenkoeffizienten, der $a' + b'\sqrt{D}$ genügt, findet man dadurch, daß man die zu dieser Zahl konjugierte nimmt und</u>

bildet. $\quad (x - (a' + b'\sqrt{D}))(x - (a' - b'\sqrt{D})) = 0$

Denn durch Ausmultiplizieren erhält man die quadratische Gleichung
$$x^2 - 2a'x + (a'^2 - b'^2 D) = 0$$
$$x^2 - Ax + B = 0$$
also in der Tat eine quadratische Gleichung mit den rationalen Koeffizienten $2a'$ und $a'^2 - b'^2 D$ und den Wurzeln $a' + b'\sqrt{D}$ und $a' - b'\sqrt{D}$. Um ein einfaches Beispiel zu wählen, nehmen wir die quadratische Gleichung
$$x^2 - 4x + 9 = 0.$$
Sie hat die beiden Wurzeln

---

[1]) Unter einer **Wurzel** α einer Gleichung versteht man d i e Zahl α, die in die Gleichung eingesetzt diese erfüllt. Z. B. ist $1 + \sqrt{6}$, ebenso $1 - \sqrt{6}$, Wurzel der Gleichung zweiten Grades $x^2 - 2x - 5 = 0$, da $(1 \pm \sqrt{6})^2 - 2(1 \pm \sqrt{6}) - 5 = 0$ ist.

II. Etwas über Rationalitätsbereiche

$$x_1 = 2 + \sqrt{5}$$
$$x_2 = 2 - \sqrt{5}.$$

Durch Hinzufügung von $2 + \sqrt{5}$ zu der Gesamtheit aller rationalen Zahlen $K\left(\frac{m}{n}\right)$ und Ausführung der Addition, Subtraktion, Multiplikation und Division als Verknüpfungsoperationen erhält man einen Bereich $K(\sqrt{5})$, den man sich auch durch die einfache Adjunktion von $\sqrt{5}$, d. h. der Wurzel $\sqrt{5}$ der quadratischen Gleichung

$$x^2 - 5 = 0$$

entstanden denken kann.

Also wird durch die Adjunktion von $\sqrt{5}$ allein dasselbe erreicht, wie durch die von $2 + \sqrt{5}$, und wir sehen, daß wirklich der Zahlkörper $K(2 + \sqrt{5})$ derselbe ist wie der Körper $K(\sqrt{5})$. Nehmen wir nun den Fall, daß ein Ausdruck vorliegt, der aus zwei Quadratwurzeln und rationalen Zahlen mit Hilfe der rationalen Rechenoperationen (Addition, Subtraktion, Multiplikation und Division) aufgebaut ist! Haben wir z. B. die Zahl $\sqrt{2} + \sqrt{5}$. Sie gehört einem Zahlkörper an, der aus dem Körper $K\left(\frac{m}{n}\right)$ durch Adjunktion von $\sqrt{2}$ und $\sqrt{5}$, oder von $\sqrt{5}$ und darauffolgender Adjunktion von $\sqrt{2}$ entstanden ist. Es sei nun etwa $\sqrt{2}$ die zuerst adjungierte Wurzel, dann ist jede Zahl von $K(\sqrt{2})$ von der Form $r + s\sqrt{2}$, wo r und s Zahlen des rationalen Zahlenkörpers sind. Bei nachfolgender Adjunktion von $\sqrt{5}$ erhalten wir einen neuen Bereich, dessen Zahlen die Gestalt $r' + s'\sqrt{5}$ haben, wo r' und s' Zahlen von $K(\sqrt{2})$ sind. Deshalb lassen sich die Zahlen von $K(\sqrt{2}, \sqrt{5})$ auch so schreiben:

$$(a' + b'\sqrt{2}) + (a'' + b''\sqrt{2})\sqrt{5} = a' + b'\sqrt{2} + a''\sqrt{5} + b''\sqrt{10},$$

wobei also a', b', a'', b'' rational sind. Den Koeffizienten

$$a' = o,\ b' = 1,\ a'' = 1,\ b'' = 0$$

entspricht die Zahl $\sqrt{2} + \sqrt{5}$.

4. Klassifikation der Zahlen

Hätten wir zuerst $\sqrt{5}$ und dann $\sqrt{2}$ adjungiert, so hätte sich für die Zahlen von $K(\sqrt{5}, \sqrt{2})$ die Darstellung

$$(c' + d'\sqrt{5}) + (c'' + d''\sqrt{5})\sqrt{2} = c' + c''\sqrt{2} + d'\sqrt{5} + d''\sqrt{10}$$

ergeben. Also auf die Reihenfolge der Adjunktionen kommt es nicht an.

Ganz anders, wenn $\sqrt{5}$ mit 2 unter dem Wurzelzeichen gestanden hätte, also wenn wir die Zahl

$$\sqrt{2 + \sqrt{5}}$$

haben. Hier ist eine bestimmte Reihenfolge bei den Adjunktionen zu beachten, wenn wir den Körper suchen, der aus dem rationalen Körper entstanden ist und sie als Zahl enthalten soll. Es ist klar, daß zunächst $\sqrt{5}$ adjungiert werden muß. Aus diesem Körper $K(\sqrt{5})$ nehmen wir dann die Zahl $2 + \sqrt{5}$ und adjungieren die Wurzel der Gleichung

$$x^2 - (2 + \sqrt{5}) = 0$$

zum Körper $K(\sqrt{5})$. Wenn wir eine Zahl aus dem so entstandenen neuen Körper herausgreifen, z. B. gerade $\sqrt{2 + \sqrt{5}}$, die ja durch die erfolgte Adjunktion Mitglied eines Zahlkörpers geworden ist, dann können wir uns fragen, ob denn diese Zahl nicht auch einer Gleichung mit rationalen Zahlenkoeffizienten genügt.

Zunächst ist sie sicher Wurzel der Gleichung

$$x^2 - (2 + \sqrt{5}) = 0.$$

Das ist aber eine Gleichung, deren Koeffizienten nicht rational sind. Eine derartige Gleichung, für die das zutrifft, ist aber auch zu finden. Wir bilden

$$\left(x^2 - (2 + \sqrt{5})\right)\left(x^2 - (2 - \sqrt{5})\right) = 0.$$

Ausgeklammert ergibt das

$$x^4 - (2 + \sqrt{5})x^2 - (2 - \sqrt{5})x^2 + 2^2 - 5 = 0$$
$$x^4 - 4x^2 - 1 = 0.$$

Damit haben wir eine Gleichung vierten Grades gewonnen

II. Etwas über Rationalitätsbereiche

deren Koeffizienten Rationalzahlen sind. Sie hat wirklich als Wurzel die Zahl $\sqrt{2+\sqrt{5}}$. Denn dies können wir rückwärts durch Rechnung bestätigen. Zur Lösung dieser Gleichung vierten Grades addieren wir auf jeder Seite 5. Das ergibt

$$x^4 - 4x^2 + 4 = 5$$
$$(x^2 - 2)^2 = 5$$
$$x^2 - 2 = \pm \sqrt{5}$$
$$x^2 = +2 \pm \sqrt{5}$$
$$x = \pm \sqrt{2 \pm \sqrt{5}}.$$

Die Gleichung hat also wirklich eine Wurzel $\sqrt{2+\sqrt{5}}$.

Wir sagen deshalb, daß der in diesem Falle entstandene Zahlkörper vom vierten Grade ist. Allgemein wird man bei einer Reihe von untereinander stehenden Quadratwurzelzeichen Zahlen vorliegen haben, die einem Körper angehören, der durch eine Reihe von Quadratwurzeladjunktionen entstanden ist und dessen Grad eine Potenz von 2 ist.[1])

5. Sukzessive Adjunktion. Bis jetzt haben wir aus dem Körper der rationalen Zahlen in dem Körper $K(\sqrt{2})$ einen neuen Körper gewonnen, dessen Zahlen sich aus den vorhandenen in einfacher Weise darstellen ließen. Selbstverständlich können wir nach demselben Verfahren auch auf diesen Körper immer weiter aufbauen und unseren Zahlenbereich dauernd vergrößern. Die einzigste Voraussetzung, um tatsächlich zu einem **neuen** Rationalitätsbereich zu gelangen, ist nur die, daß die zu adjungierende Zahl nicht schon in unserem letzten Körper vorhanden ist, d. h. die Wurzel der Gleichung

$$x^2 - D = 0$$

in diesem nicht vorhanden ist. Natürlich hätten wir, anstatt eine quadratische Gleichung zum Aufbau zu benutzen,

---

1) Es sei dem Leser der Nachweis überlassen, daß der Zahlkörper, dem $\sqrt{2}+\sqrt{5}$ angehört, ebenfalls vom 4. Grade ist, indem er die Gleichung 4. Grades mit rationalen Koeffizienten aufstellt, die eine Wurzel $\sqrt{2}+\sqrt{5}$ hat! — Ferner sei er darauf aufmerksam gemacht, daß dieser Zahlkörper den Körper $K(\sqrt{10})$ als Unterkörper enthält, da die Zahlen $a'+b''\sqrt{10}$ ihm angehören.

ebensogut von einer kubischen oder einer Gleichung von noch höherem Grad ausgehen können. Die einzig zu machende wesentliche Voraussetzung wäre immer nur diese: Die Wurzel der Gleichung darf nicht schon Zahl des vorhandenen Rationalitätsbereiches sein. Uns interessieren hier aber nur diejenigen algebraischen Körper, die durch nacheinander folgende Hinzufügung — durch sukzessive Adjunktion! — von Quadratwurzeln hervorgegangen sind. Den Grund dafür wird man nach den nächsten Abschnitten einsehen.

III. DIE ZAHLENGERADE. GEOMETRISCHE BEDEUTUNG VON ZAHLENBEZIEHUNGEN

1. Die Bildpunkte der rationalen Zahlen. Der Leser wird sich sicherlich die Frage schon vorgelegt haben: „Ja, was haben denn Zahlen, Adjunktionen und algebraische Körper mit der rein geometrischen Aufgabe, einen Würfel zu verdoppeln, zu tun?" Auch über diesen Punkt wird uns das Folgende Klarheit verschaffen. Dazu ist es notwendig, einiges über die geometrische Deutung von Zahlen und Zahlenbeziehungen zu sagen.

Unseren Ausgangspunkt bildete die Reihe der natürlichen Zahlen 1, 2, 3 ... Um die Subtraktion allgemein ausführen zu können, haben wir eine erste Erweiterung des Zahlbegriffs vorgenommen; wir haben zu der Gesamtheit der positiven Zahlen die negativen und die Null hinzugenommen. Um auch die Division (ausgenommen die Division durch Null!) allgemein ausführbar zu machen, mußte der Zahlbegriff aufs neue erweitert werden durch Hinzunahme der gebrochenen Zahlen. Die Gesamtheit der ganzen und der gebrochenen Zahlen bildete das Gebiet der Rationalzahlen. Für diese wollen wir uns nun eine einfache geometrische Deutung verschaffen. Wir nehmen eine Gerade und greifen auf ihr einen Punkt heraus und markieren ihn mit Null. Tragen wir darauf die Längeneinheit von Null aus nach rechts ab und bezeichnen den so erhaltenen Punkt mit „1", den durch Abtragen der doppelten Längeneinheit erhaltenen Punkt mit 2 usw., so können wir sagen, die Zahlen 1, 2, 3, 4 ... haben ihre Bilder auf dieser Geraden. Denken wir uns im Nullpunkt einen Spiegel aufgestellt, so sehen wir links vom Nullpunkt Spiegelbilder, die

20 III. Die Zahlengerade. Geometrische Bedeutung usw.

wir als die Bildpunkte der negativen Zahlen auf unserer Geraden deuten wollen. Dadurch haben wir die positiven und negativen Zahlen mit Punkten auf einer Geraden in Verbindung gebracht. Die Bilder der gebrochenen Zahlen ordnen

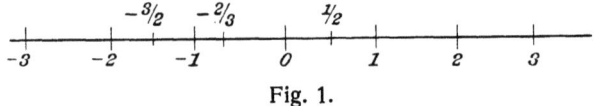

Fig. 1.

sich auf der Geraden zwischen denen der ganzen Zahlen ein (Fig. 1).

Welchen Platz haben wir z. B. dem Bruch $\frac{27}{8}$ anzuweisen? Wir teilen uns dazu die Längeneinheit, das heißt die Strecke vom Punkte Null bis zum Punkte Eins, in acht gleiche Teile. Eine dieser Teilstrecken hat demnach die Länge $\frac{1}{8}$. Fügt man nun vom Nullpunkte ausgehend die Strecke 27 mal aneinander, so gelangt man schließlich zu einem Punkt der Geraden, der als Bildpunkt der rationalen Zahl $\frac{27}{8}$ anzusehen ist. Denkt man sich so alle Rationalzahlen eingetragen, so füllt sich unsere Gerade mit Bildern von Zahlen an: Jede Rationalzahl $\frac{m}{n}$ hat ihren Bildpunkt auf der Geraden erhalten.

2. Die Bildpunkte der reellen Zahlen. Es mag vielleicht auf den ersten Augenblick erscheinen, als würde die Gesamtheit dieser Bilder die Gesamtheit der auf der Geraden überhaupt vorhandenen Punkte ausmachen. Daß dem aber nicht so ist, zeigt eine ganz einfache Überlegung. Tragen wir nämlich vom Nullpunkte aus die Hypotenuse eines rechtwinkligen Dreiecks ab, dessen Katheten die Einheit als Länge haben, so treffen wir einen Punkt an, der sicherlich nicht das Bild einer rationalen Zahl ist. Denn die Länge dieser Hypotenuse (Fig. 2) ist $\sqrt{1^2 + 1^2} = \sqrt{2}$, also eine Zahl, die sich als nicht rational erwiesen hat. Wir dürfen also wohl sagen: <u>Jeder rationalen Zahl $\frac{m}{n}$ entspricht ein Bildpunkt auf der Geraden, aber nicht umgekehrt: jedem Punkte entspricht eine rationale Zahl.</u> Alle die Punkte, die die Lücken zwischen den Bildern der

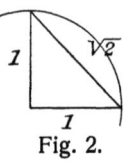

Fig. 2.

3. Die Zahlenpaare und ihre Bildpunkte 21

Rationalzahlen ausfüllen, sind sicher nicht Bilder von Zahlen $\frac{m}{n}$; die ihnen entsprechenden Zahlen nennt man daher ir- rational; $\sqrt{2}$ ist demnach zu den Irrationalzahlen zu rechnen. Die Gesamtheit der Zahlen nun, deren Bilder alle Punkte der Geraden ausmachen, nennt man reelle Zahlen. Die Gerade ist zur Zahlengerade geworden und diese stellt eine umkehrbar-eindeutige Zuordnung zwischen den Punkten der Geraden und der Gesamtheit der reellen Zahlen dar.

3. Die Zahlenpaare und ihre Bildpunkte. Die nächste Frage ist nun diese: Kann man denn nicht vielleicht auch die Punkte der Ebene als die Bilder von Zahlen auffassen, oder darf man sich nur auf diejenigen Punkte beschränken, die auf der Zahlengeraden vorhanden sind? Die Antwort lautet: Zwischen den Punkten einer Ebene und der Gesamtheit der Zahlenpaare (a, b) besteht eine gegenseitig eindeutige Zuordnung. Suchen wir uns diese Aussage klarzumachen! Eine Ebene ist durch zwei sich schneidende Geraden eindeutig festgelegt. Den Schnittwinkel der Geraden nehmen wir der Einfachheit halber als einen rechten an, den Schnittpunkt bezeichnen wir mit 0. Erteilen wir nun den beiden Geraden einen Richtungssinn und nehmen eine Einheitsstrecke an, so haben wir das vor uns, was man in der analytischen Geometrie ein Koordinatensystem nennt. Die beiden gerichteten Geraden $X'X$, $Y'Y$ heißen die Koordinatenachsen (Fig. 3). Durch einen Punkt P der Ebene ziehen wir Parallelen zu den Achsen. Sie treffen diese in den Punkten a, b. Fassen wir die beiden Koordinatenachsen als Zahlengeraden auf, so können wir auch sagen: Jedem Punkt P entspricht eindeutig ein Zahlenpaar a, b, umgekehrt entspricht auch jedem Zahlenpaar ein Punkt. Die Punkte auf unseren Achsen stellen sich als Zahlenpaar so dar, daß eine Zahl des Paares dauernd Null ist. Das heißt eben nichts anderes als: Die Punkte auf einer Geraden sind schon charakterisiert durch eine einzige Zahl, ein uns bekanntes Resultat. Lassen wir nun in

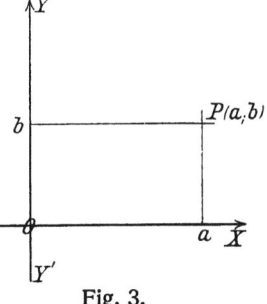

Fig. 3.

dem Zahlenpaar (x, y) x und y unabhängig voneinander sämtliche reellen Werte annehmen, so hat jedes Zahlenpaar einen bestimmten Bildpunkt in der Ebene und umgekehrt entspricht jedem Punkt der Ebene ein bestimmtes Zahlenpaar. Dies ist die Rechtfertigung dafür, daß wir auf die oben gestellte Frage die gegebene Antwort erteilen durften. Punkte, also geometrische Gebilde, durften wir als Zahlen oder Zahlenpaare auffassen; aus Zahlengrößen lassen sich Gleichungen aufbauen. Wir dürfen also vermuten, daß eine Methode vorhanden sein kann, die geometrische Gebilde und arithmetische Beziehungen miteinander in Verbindung bringt.

4. Die Gleichung der Geraden und die Kreisgleichung. Zeichnen wir uns z. B. in unser Koordinatensystem irgendeine Kurve, z. B. eine gerade Linie ein, so sondert sie aus allen Punkten eine ganz bestimmte Schar aus. Die Punkte sind aber Bilder von Zahlenpaaren. Gibt es nun denn auch eine Aussonderungsmöglichkeit für Zahlenpaare? Wenn ja, kann man denn aus der Gesamtheit aller möglichen Zahlenpaare vielleicht gerade die ausscheiden, die ihre Bildpunkte auf der gezeichneten Geraden haben? Dies kann man in der Tat, und zwar leistet die einfache Beziehung

$$ux + vy + w = 0$$

die gewünschte Aussonderung. Denn denken wir uns unter u, v, w bestimmte feste Zahlen gegeben, so gibt es nur ganz bestimmte Zahlenpaare (x, y), die in diese Gleichung eingesetzt die linke Seite zu Null machen. Eine Gleichung dieser Art zwischen x und y sondert also wirklich Zahlenpaare aus, und da die so ausgesonderten Paare ihre Bildpunkte auf einer geraden Linie haben, sagt man: dies ist die Gleichung einer Geraden. In der analytischen Geometrie wird nun gezeigt, daß jede Gerade eine Gleichung hat, die sich in dieser Form schreiben läßt. Verschiedene Geraden unterscheiden sich nur darin, daß sie andere Zahlenkoeffizienten u, v, w haben. Man kann aus der Gleichung $ux + vy + w = 0$ auch leicht ablesen, wie die Gerade in unserem Koordinatensystem verläuft. Das wollen wir kurz andeuten: Eine Gerade ist eindeutig bestimmt, wenn man den Winkel kennt, den sie mit einer Achse, etwa der x-Achse bildet (also ihre Richtung

4. Die Gleichung der Geraden und die Kreisgleichung

kennt) und außerdem weiß, welches Stück sie auf einer Achse abschneidet.

Wir zeichnen uns eine bestimmte Gerade. Sie bildet mit der x-Achse einen Winkel α und schneidet auf der y-Achse den Abschnitt n ab (Fig. 4). Zur x-Achse ziehen wir im Ab-

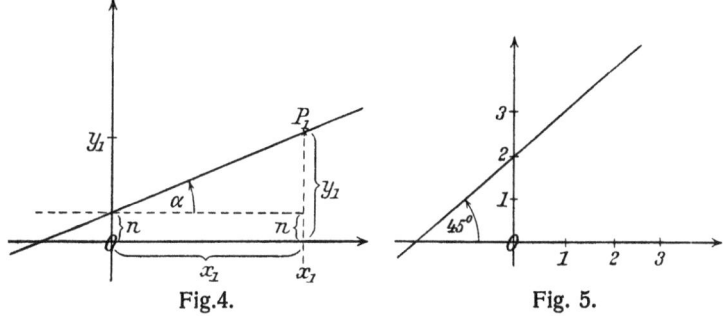

Fig. 4.   Fig. 5.

stande n eine Parallele. Nehmen wir einen Punkt P_1 auf der Geraden, so können wir aus der Figur leicht ablesen, daß $\operatorname{tg}\alpha = \frac{y_1 - n}{x_1}$ ist. Dies gilt für jedes Zahlenpaar (x, y), das seinen Bildpunkt auf der Geraden hat. Also hat man, wenn für $\operatorname{tg}\alpha$ kurz M geschrieben wird: $M = \frac{y-n}{x}$, oder

$$y = Mx + n.$$

Ist uns also eine Zahlenbeziehung in dieser Form gegeben, so wissen wir, daß durch sie eine Gerade dargestellt wird, und zwar ist der tg des Winkels, den diese Gerade mit der x-Achse bildet, gleich M und sie schneidet auf der y-Achse das Stück n ab. Wir können die Gerade also unmittelbar hinzeichnen.

Es sei z. B. $\qquad y = x + 2 \qquad$ vorgelegt.

Hier ist $M = 1$, also $\operatorname{tg}\alpha = 1$, d. h. $\alpha = 45^0$. Der auf der y-Achse abgeschnittene Abschnitt ist von der Länge 2. Der Verlauf der Geraden ist in obenstehender Figur 5 eingezeichnet.

Ist uns eine Gleichung $ux + vy + w = 0$ vorgelegt und wollen wir uns ein Bild davon machen, wie diese Gerade im Koordinatensystem liegt, so brauchen wir diese Gleichung nur

24 III. Die Zahlengerade. Geometrische Bedeutung usw.

so umzuformen, daß sie die Form $y = Mx + n$ hat. Dies ist auch immer möglich, ausgenommen der eine Fall, wo unsere Gerade der y-Achse parallel läuft, da dann M seinen Sinn verliert. Aber diese speziellen Fälle genau zu untersuchen, ist Sache der analytischen Geometrie. Zu dem, was für uns hier in Betracht kommt, mögen diese Hinweise genügen.

Haben wir nun zwei Geraden, so entsprechen ihnen zwei Gleichungen. Die Aufgabe, den Schnittpunkt der beiden Geraden zu bestimmen, ist also nichts anderes, als man soll das Zahlenpaar (x, y) bestimmen, das sowohl der Gleichung der ersten als auch der Gleichung der zweiten Geraden genügt. Arithmetisch lautet unsere Aufgabe so: Welches ist die Lösung von zwei linearen Gleichungen mit zwei Unbekannten?

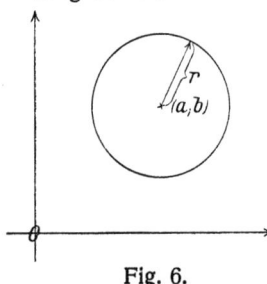

Fig. 6.

Nun noch eine weitere Tatsache! Ein Kreis ist in einer Ebene festgelegt, wenn man die Lage seines Mittelpunktes und seinen Radius kennt. Den Mittelpunkt denken wir uns durch das Zahlenpaar (a, b) gegeben. Der Radius habe die Länge r. Nach dem Vorangegangenen ist es nun klar, was es heißt, die Gleichung

$$(x - a)^2 + (y - b)^2 = r^2$$

ist die Gleichung eines Kreises. Es heißt eben folgendes: Sind in dieser Gleichung a, b und r zahlenmäßig gegeben, dann hat die Gesamtheit der Zahlenpaare (x, y), die in diese Gleichung eingesetzt, diese erfüllen, ihre Bildpunkte auf einem Kreise. Erfüllt ein Zahlenpaar diese Gleichung nicht, dann heißt es eben nichts anderes als: Der Bildpunkt dieses Zahlenpaares gehört der Peripherie des Kreises nicht an, er liegt inner- oder außerhalb des Kreises. Soll der Mittelpunkt des Kreises im Koordinatenanfangspunkt selbst liegen, dann sind die Mittelpunktskoordinaten $(0; 0)$ also

$$a = 0, \quad b = 0$$

zu setzen. Die Gleichung des Kreises geht dann in die einfache „Mittelpunktsgleichung" über

$$x^2 + y^2 = r^2.$$

5. Einige Aufgaben

Ihre Herleitung ist ganz einfach:
Der Kreis ist ja der geometrische Ort für alle die Punkte, die von einem festen Punkt, dem Zentrum, einen und denselben Abstand haben. Ist nun P ein beliebiger Punkt der Peripherie und bezeichnet man mit x und y seine Koordinaten, so gibt uns das rechtwinklige Dreieck OAP (Fig. 7)

$$\overline{OP}^2 = \overline{OA}^2 + \overline{AP}^2 = x^2 + y^2.$$

Diese Beziehung bleibt bestehen, welches auch das Vorzeichen von x oder y sein mag, denn diese Zahlen kommen nur im Quadrate vor. Daraus folgt, daß diese Mittelpunktsgleichung von **allen** Punkten der Kreisperipherie erfüllt wird, aber auch **nur** von diesen.

Sollen wir nun etwa feststellen, in welchen Punkten eine gegebene Gerade einen gegebenen Kreis schneidet, so haben wir die Zahlenpaare (x, y) zu bestimmen, die sowohl der Gleichung der Geraden, als auch der Gleichung des Kreises genügen. In diesem Falle haben wir arithmetisch die gemeinsame Lösung der linearen Gleichung in den beiden Unbekannten x und y

$$ux + vy + w = 0$$

und der in den beiden Unbekannten x und y quadratischen Gleichung

$$(x-a)^2 + (y-b)^2 = r^2$$

zu bestimmen.

5. Einige Aufgaben.[1]) Nach diesen Erläuterungen, die uns einen gewissen Zusammenhang zwischen den mit Zirkel und Lineal zeichenbaren Kurven einerseits und arithmetischen Beziehungen andererseits aufgedeckt haben, können wir uns nun

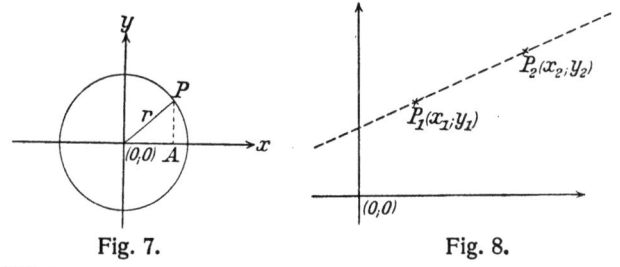

Fig. 7. Fig. 8.

---
1) Vgl. Bd. 48 dieser Sammlung!

damit beschäftigen, die mit diesen Hilfsmitteln der geometrischen Konstruktion zu lösenden Aufgaben in ein arithmetisches Gewand zu kleiden. Betrachten wir uns z. B. einige Aufgaben, die mit dem Lineal allein ausgeführt werden können!

I. Durch zwei Punkte eine Gerade zu ziehen! Rechnerisch heißt das: Der Punkt P_1 ist durch das bestimmte Zahlenpaar (x_1, y_1) charakterisiert, P_2 durch (x_2, y_2). Gibt es eine Zahlenbeziehung der Form
$$y = Mx + n,$$
die der Forderung genügt, durch beide gegebene Zahlenpaare erfüllt zu werden? Wir haben schon gesagt, daß die Lage einer Geraden von der Art der Koeffizienten M und n abhängig ist. Hier wollen wir eine bestimmte Gerade. Können wir also bestimmte M und n finden, die unserer Anforderung genügen, nämlich eine Gerade zu liefern, die durch die beiden Punkte geht? Jawohl! Denn P_1 liegt auf irgendeiner Geraden heißt ja, es ist
$$y_1 = Mx_1 + n.$$
Hier sind y_1 und x_1 bestimmt gegebene Zahlen, nämlich diejenigen, die zu einem Zahlenpaar zusammengefaßt den Bildpunkt P_1 haben. Durch einen Punkt kann man beliebig viele Geraden legen. Das sieht man daran, daß durch die obige Gleichung M und n noch nicht fest bestimmt sind. Wollen wir nun unter allen diesen möglichen Geraden die herausgreifen, die auch durch P_2 geht, so muß für dasselbe M und n
$$y_2 = Mx_2 + n$$
sein. Damit haben wir zwei Gleichungen mit zwei Unbekannten M, n. Diese sind leicht bestimmt. Durch Subtraktion der beiden Gleichungen erhält man
$$y_1 - y_2 = M(x_1 - x_2),$$
also
$$M = \frac{y_1 - y_2}{x_1 - x_2}.$$
Wohlgemerkt: y_1, y_2, x_1, x_2 sind Zahlen. Damit haben wir M auch zahlenmäßig gefunden. Die Richtung der gesuchten Gerade ist uns also bereits bekannt. Den Abschnitt n haben wir zahlenmäßig auch sofort, wenn wir nur den gefundenen Wert von M in eine unserer beiden Gleichungen

(1) $\qquad y_1 = Mx_1 + n$
(2) $\qquad y_2 = Mx_2 + n$

einsetzen. Wir kennen dann auch den auf der y-Achse abgeschnittenen Abschnitt, also die gesuchte Geradengleichung.

Beispiel: Es ist die Gleichung der Geraden durch (3, 1) und (7, 4) zu bestimmen.

5. Einige Aufgaben

Hier sind die beiden Gleichungen, auf die es ankommt

$$1 = M \cdot 3 + n$$
$$4 = M \cdot 7 + n.$$

Durch Subtraktion der ersten von der zweiten erhält man M

$$3 = M \cdot 4, \quad M = \frac{3}{4}.$$

Diesen Wert von M setzen wir in die erste Gleichung ein

$$1 = \frac{3}{4} \cdot 3 + n$$

und erhalten $\quad n = 1 - \frac{9}{4} = -\frac{5}{4}.$

Die Gerade durch die beiden Punkte hat also die Gleichung

$$y = \frac{3}{4}x - \frac{5}{4}.$$

Wir wollen sie noch in der Form $ux + vy + w = 0$ schreiben.

Es ist $\quad 4y = 3x - 5,$

also $\quad 3x - 4y - 5 = 0.$

II. Die nächste Linealaufgabe wäre: Gegeben sind zwei Geraden. Welches ist ihr Schnittpunkt? Wie diese Aufgabe anzufassen ist, haben wir schon an anderer Stelle angedeutet. Der Leser möge selbst ein Beispiel durchrechnen! Die Geraden mögen etwa die Gleichungen haben
$$3x + 2y - 1 = 0$$
$$4x - 5y - 9 = 0.$$

Als Schnittpunkt wird sich $(1, -1)$ ergeben.

III. Lassen wir Kreis und Gerade sich schneiden, dann sind die Schnittpunkte durch Auflösung zweier Gleichungen bestimmbar, wie wir oben auch schon bemerkt haben.

Es erübrigt sich, auf diese Aufgaben näher einzugehen. Das Wesentliche, was wir bei allen möglichen Aufgaben erkennen, und das, worauf es uns dabei ankommt, ist dieses:

<u>Alle mit Zirkel und Lineal lösbaren Aufgaben führen auf Gleichungen vom zweiten oder ersten Grad.</u>

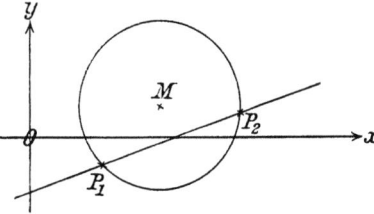

Fig. 9.

28 IV. Zirkelkonstruktionen und Rationalitätsbereiche

Sehen wir uns unter diesem Gesichtspunkt einmal die erste, durchgerechnete Aufgabe an! Wir kommen dort mit den elementaren Rechenoperationen vollständig aus. Bei den anderen Aufgaben, z. B. den Schnittpunkt einer Geraden mit einem Kreise zu berechnen, oder die Schnittpunkte zweier Kreise zu bestimmen, genügen die elementaren Rechenoperationen und Quadratwurzelausziehungen zur Lösung. Eine einfache Überlegung wird uns schon davon überzeugen. Es gilt aber auch das Umgekehrte: <u>Zur Lösung linearer und quadratischer Gleichungen durch Konstruktion genügen Zirkel und Lineal</u>. Daß dies so ist, werden wir gleich zeigen. Jedenfalls eines können wir schon voraussehen: Diese Erkenntnisse können uns zum Beweise für die Nichtlösbarkeit des Delischen Problems von Nutzen sein.

IV. ZIRKELKONSTRUKTIONEN UND RATIONALITÄTSBEREICHE

Durch diese vorbereitenden Bemerkungen sind wir nun unserem eigentlichen Problem wesentlich näher gekommen. Wir fragen jetzt: Wann läßt sich ein geometrisches Problem mit Zirkel und Lineal lösen?

1. Die Addition, Subtraktion, Multiplikation und Division von Strecken. Sind uns zwei Zahlen gegeben, so bedeuten sie, geometrisch gesprochen, zwei Strecken. Die Strecken haben die Länge, die die Entfernung ihres Bildpunktes auf der Zahlengeraden vom Nullpunkte hat. Mit dem Lineal allein (und dem Parallelenziehen!) sind dann sowohl Summe, Differenz, Produkt und Quotient zeichenbar. Die Summe von zwei Strecken heißt nichts anderes als: Die beiden Strecken sind in derselben Richtung aneinanderzulegen. Die so erhaltene Gesamtstrecke ist die Summe. Die Differenz erhält man, indem man auf der Zahlengeraden vom Endpunkte von der Strecke a aus um soviel Einheiten nach links geht, als die Maßzahl der Strecke b angibt.

Die Multiplikation ist nur wiederholte Addition, wenn wir dabei die Voraussetzung machen, daß wenigstens ein Faktor

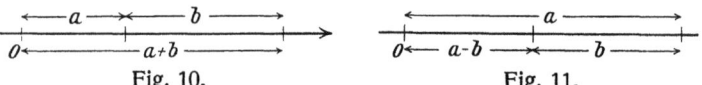

Fig. 10. Fig. 11.

2. Die Konstruktion der Wurzeln einer Gleichung

eine ganze Zahl ist. Sind a und b nicht ganz, dann ergibt sich die Konstruktion des Produktes $a \cdot b$ bei gegebenen Strecken der Länge a und b ganz entsprechend, wie man es bei dem Quotienten $a : b$ tut. Man braucht ja nur zu bedenken, daß für die zu konstruierende Strecke $x = a \cdot b$ die Proportion $\frac{1}{b} = \frac{a}{x}$ besteht.

Den Quotienten der Strecken a und b (Fig. 12) konstruiert man folgendermaßen: Man zieht von einem Punkte O aus zwei beliebige Strahlen I und II. Dann trägt man von O aus auf I, sowohl a als auch b ab, auf Strahl II die Längeneinheit 1. Auf Strahl I erhalten wir dadurch die Punkte A und B, auf Strahl II den Punkt 1. Die Parallele durch A zur Geraden durch B und 1 schneidet den Strahl I im Punkte X. Dann ist die Strecke $\overline{OX} = \frac{\overline{OA}}{\overline{OB}} = \frac{a}{b}$.

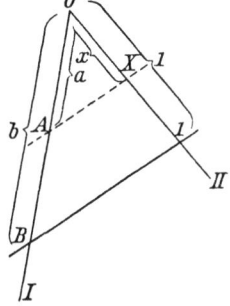

Fig. 12.

Unserem rationalen Zahlenkörper können wir einen derartigen „Streckenkörper" entsprechen lassen. Wenn wir also irgendeine lineare Gleichung haben, so wird sich die unbekannte Größe x unter alleiniger Anwendung des Lineals konstruieren lassen, da die Verknüpfungen der bekannten Zahlen (Strecken!) mit der Unbekannten x nur rationaler Natur sind und sich die „Auflösung" der linearen Gleichung durch eine endliche Zahl von Additionen, Subtraktionen, Multiplikationen und Divisionen vollziehen läßt.

2. Die Konstruktion der Wurzeln einer quadratischen Gleichung. Wir gehen nun zur quadratischen Gleichung über. Hier kommen wir bei der geometrischen Lösung mit dem Lineal allein nicht immer aus, aber man kann die Lösung einer quadratischen Gleichung immer mit Zirkel und Lineal ausführen. Im Anfang haben wir schon gesagt, daß die Wurzel aus 2 nichts anderes ist, als die Hypotenuse eines rechtwinkligen Dreiecks, dessen Katheten die Einheit als Länge haben. Hier kommen wir bei der Konstruktion der Wurzel der qua-

IV. Zirkelkonstruktionen und Rationalitätsbereiche

dratischen Gleichung
$$x^2 - 2 = 0$$

mit Zirkel und Lineal vollkommen aus. Allgemein gelingt dies bei **jeder** quadratischen Gleichung von der Form

$$x^2 + ax + b = 0.$$

Die Wurzeln dieser quadratischen Gleichung sind die Zahlen x, die in dieselbe eingesetzt, die linke Seite zu Null machen. Diese Zahlen sind

$$x_1 = -\frac{a}{2} + \sqrt{\frac{a^2}{4} - b} \quad \text{und} \quad x_2 = -\frac{a}{2} - \sqrt{\frac{a^2}{4} - b},$$

also sicherlich mit Zirkel und Lineal konstruierbare Größen.[1]) Denn der Ausdruck unter der Wurzel gehört unserem Streckenkörper an, läßt sich also sogar unter Zuhilfenahme des Lineals allein konstruieren. Wir bezeichnen ihn mit R.

$$R = \frac{a^2}{4} - b.$$

Um die Größe $\sqrt{R}$ konstruieren zu können, kommen wir mit Zirkel und Lineal aus. Wir legen die Längeneinheit und die Strecke R in derselben Richtung aneinander, wir bilden also $R + 1$ (vgl. Fig. 12a). Dann errichten wir im Punkte 1 das Lot. Es schneidet den Halbkreis über der ganzen Strecke in A. Das Dreieck $OA(R+1)$ ist bei A rechtwinklig. Das Quadrat über der Höhe h ist gleich dem Rechteck gebildet aus den Hypotenusenabschnitten.

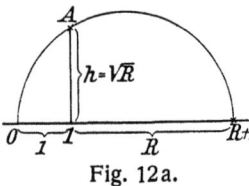

Fig. 12a.

Also $\qquad h^2 = 1 \cdot R,$

also $\qquad h = \sqrt{R}.$

Damit haben wir dann auch die Wurzeln x_1 und x_2 einer beliebigen quadratischen Gleichung konstruiert. Umgekehrt führen die mit Zirkel und Lineal lösbaren Aufgaben auf Gleichungen ersten und höchstens zweiten Grades.

---

[1]) Der Ausdruck unter der Wurzel muß dabei selbstverständlich **positiv** sein.

3. Die geometrische Bedeutung der Adjunktion einer Quadratwurzel.

Nehmen wir in unserem Streckenkörper noch die Zirkelkonstruktionen als erlaubte Operationen hinzu, so tun wir also nichts anderes, als wir adjungieren unserem rationalen Zahlenkörper die Quadratwurzeln. Es ist nun leicht einzusehen, daß sich alle Zahlen des durch Adjunktion einer Quadratwurzel entstehenden algebraischen Zahlenkörpers mit Zirkel und Lineal konstruieren lassen. Denn wenn wir den Körper der rationalen Zahlen durch eine Wurzel der quadratischen Gleichung

$$x^2 - D = 0$$

erweitern, so haben, wie wir bereits an anderer Stelle gesehen haben, alle Zahlen von $K(\sqrt{D})$ die Gestalt

$$a + b\sqrt{D},$$

wo a und b rational sind. a und b gehören einem Streckenkörper an, $\sqrt{D}$ läßt sich mit Zirkel und Lineal konstruieren, also alle Zahlen aus $K(\sqrt{D})$ lassen sich konstruieren. Gehen wir durch nochmalige Erweiterung durch eine Quadratwurzel zu einem neuen Zahlkörper über, so sind auch dessen Zahlen konstruierbare Größen, da nur wiederholt die Quadratwurzel zu ziehen ist. So können wir immer neue Körper einführen, die den vorherigen als Teilkörper enthalten und die sich von ihm durch Einführung einer neuen Quadratwurzel unterscheiden, deren Radikand dem nächstniederen Körper angehörte. Alle und auch nur die Größen des so durch aufeinanderfolgende Adjunktion von Quadratwurzeln entstehenden Körpers sind konstruierbar mit Zirkel und Lineal. Wir gelangen so zu folgendem Resultat:

Der algebraische Ausdruck dafür, daß eine Größe geometrisch mit Zirkel und Lineal konstruierbar ist, ist der, daß die zu konstruierende Größe einem Körper angehört, der durch sukzessive Erweiterung durch Quadratwurzeln aus dem rationalen Zahlenkörper entstanden ist.

Die geometrische Eigenschaft einer Strecke, mit Zirkel und Lineal konstruierbar zu sein, ist also algebraisch gleichbedeutend mit den elementaren Rechenoperationen und einer Reihe von Quadratwurzelausziehungen.

V. DIE GEOMETRISCHE ALGEBRA

Unsere bisherigen Auseinandersetzungen haben uns zur Erkenntnis gebracht, daß zwischen den Fragen der Geometrie und denen der Algebra ein gewisser Zusammenhang besteht. Der historische Entwicklungsgang in der Algebra ist in der Tat der, daß die antike Algebra noch rein geometrisch dachte, und nur langsam machte man sich bei der Behandlung algebraischer Fragen von den geometrischen Anschauungen frei, um einer abstrakt symbolischen, formalen Algebra Platz zu machen. Und erst dieser abstrakten Algebra konnte es gelingen, das Delische Problem mit Erfolg in Angriff zu nehmen.

1. Geometrische Darstellung arithmetischer Beziehungen.
Bereits den alten Griechen waren wichtige Zahlenbeziehungen, die wir heute zur Algebra rechnen, wohl bekannt. Aber für sie waren es keine Relationen zwischen Zahlen, sondern Eigenschaften, die geometrischen Figuren anhafteten, und das Endziel eines bestimmten Problems bestand für sie darin, eine geometrische Konstruktion anzugeben und nicht, wie wir es heute auffassen würden, aus einer Zahlenbeziehung den Zahlenwert einer Unbekannten zu ermitteln und über die gefundene Zahl bestimmte Aussagen zu machen. Sie schätzten ihre geometrischen Konstruktionen, besonders die mit Zirkel und Lineal ausführbaren, viel höher ein als zahlenmäßige Berechnungen, da in ihren Augen diese nur angenähert richtig waren. Die Darstellung einer Größe durch die Länge einer Strecke spielt bei ihnen dieselbe Rolle, wie es heute die symbolischen Buchstaben der Algebra für uns tun. Selbstverständlich gelingt ihre Art der Darstellung nicht für die negativen und die imaginären Zahlen. Für die Griechen kamen daher nur positive Größen in Frage. Durch ihre geometrische Auffassung der Multiplikation gelangten sie zu einer zweiten, wichtigen Auffassung der Größen, den sog. Flächenzahlen. Unter dem Produkt zweier Strecken verstanden sie ein Rechteck, das diese beiden Strecken als Seiten hat, oder vielmehr den Flächeninhalt dieses Rechtecks, und umgekehrt verstand man unter dem Ausdruck „Rechteck zweier Zahlen" das „Produkt zweier Zahlen", und die Rede „das Quadrat einer Zahl" hat sich ja bis heute noch erhalten. Um diese Größen zu addieren und zu subtrahieren, braucht man ihnen

1. Geometrische Darstellung arithmetischer Beziehungen

ja nur eine gemeinsame Rechteckseite zu geben. Natürlich tauchen dabei folgende Fragen auf: Wie findet man zu einem gegebenen Rechteck alle die ihm inhaltsgleichen, und: Wie kann man ein Rechteck $B = a \cdot b$ in ein anderes C mit einer bestimmten Seite c verwandeln? — Rein algebraisch ist die Lösung sehr einfach. Denn für die unbekannte zweite Seite x muß

$$cx = a \cdot b,$$

also

$$x = \frac{a \cdot b}{c}$$

sein. — Der geometrischen Lösung liegt folgende Tatsache zugrunde:

Zieht man in einem Rechteck $ABCD$ die Diagonale BD und zieht man durch einen Punkt O der Diagonale Parallelen zu den Rechtecksseiten, so erhält man zwei kleinere Rechtecke, nämlich $AA'OD'$ und $OB'CC'$, deren Flächen man leicht als gleich erkennt. Denn die Diagonale teilt

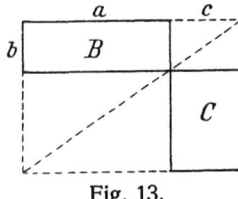
Fig. 13.

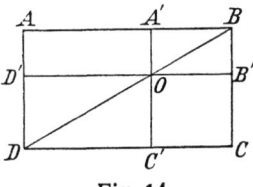
Fig. 14.

sowohl das große, als auch die beiden kleinen Rechtecke $A'BB'O$ und $D'OC'D$ in zwei gleiche Dreiecke. Die beiden von der Diagonalen nicht geteilten kleinen Rechtecke erhält man aus den Dreiecken ABD und BCD, indem man von diesen zwei gleiche Dreieckchen subtrahiert.

Daraus ergibt sich sofort die Konstruktion eines zum gegebenen Rechteck $B = a \cdot b$ flächengleichen Rechtecks C mit einer vorgeschriebenen Seite c.

Im gegebenen Rechteck $B = a \cdot b$ verlängert man eine Seite um c. Dann zieht man durch den Endpunkt und den einen Eckpunkt von B eine Diagonale, die die Verlängerung der anderen Rechtecksseite schneidet. So erhalten wir dann alles, was zur Konstruktion des zum Rechteck B inhaltsgleichen C notwendig ist.

V. Die geometrische Algebra

Hat man zum Rechteck A ein Rechteck B zu addieren, so braucht man B nur zu verwandeln in ein Rechteck C, das mit A in einer Seitenlänge übereinstimmt, und die betreffenden Rechtecke A und C mit der gemeinsamen Seite aneinander zu legen. Entsprechendes gilt natürlich für die Subtraktion.

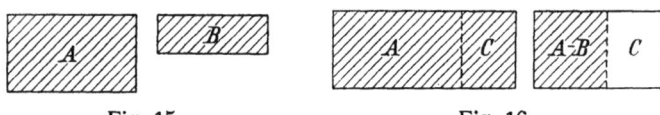

Fig. 15.   Fig. 16.

Wir wollen nun einige algebraische Identitäten betrachten und sie in ein geometrisches Gewand kleiden. Zunächst wollen wir $(a+b)^2 = a^2 + 2ab + b^2$ näher ins Auge fassen. Die durch sie gemachte geometrische Aussage ist an Hand der Fig. 17 in die Augen fallend. Denn sieht man a und b als die Maßzahlen von Strecken an, so bedeuten die einzelnen Glieder der algebraischen Identität „Flächenzahlen", die geometrische Deutung ist einfach diese:

Wir addieren die „Streckenzahlen" $a = OA$ und $b = AB$, dann ist $\overline{OB} = a + b$. Dann bilden „wir das Quadrat der Zahl $a+b$". Zieht man in diesem Quadrat geeignet zwei Parallelen zu den Seiten, so ist offensichtlich das Quadrat von der Seitenlänge $a+b$ dargestellt als Summe der Quadrate mit der Seitenlänge a und b, und der doppelten Summe eines Rechtecks mit den Seitenlängen a und b. Umgekehrt läßt sich diese geometrische Figur algebraisch durch die obige Identität ausdrücken.

Auch die geometrische Deutung der Identität $(a-b)^2 = a^2 - 2ab + b^2$ bietet keine Schwierigkeiten. Der geometrische Inhalt dieser Aussage ist aus der beistehenden Figur 18 ohne weiteres ersichtlich. Wir gehen dabei folgendermaßen vor:

Wir tragen von O aus sowohl a als auch b ab. Setzen wir a größer voraus als b, dann entspricht BA die Maßzahl $a-b$. Im

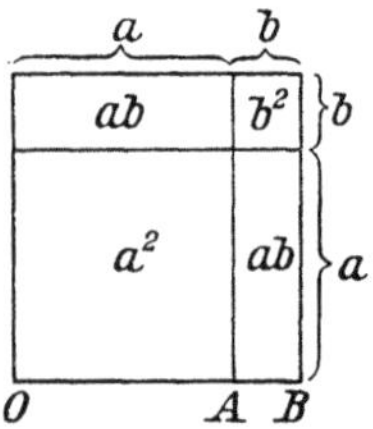

Fig. 17. 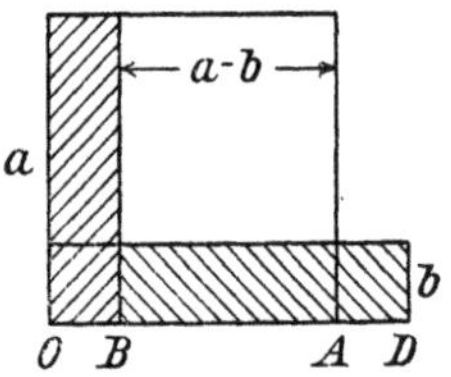   Fig. 18.

1. Geometrische Darstellung arithmetischer Beziehungen

Punkte A legen wir nochmals OB an, $OB = AD$. Dann konstruieren wir über OA, OB und AD Quadrate. Im Quadrat über OA treten zwei Rechtecke auf, die sich im Quadrat über OB überdecken. Da nun $\overline{OB}^2 = \overline{AD}^2$ ist, so ergibt sich sofort, daß das Quadrat über BA inhaltsgleich ist mit dem Quadrat über OA, vermehrt um das Quadrat über OB und vermindert um die bisher schraffierten Rechtecke.

Wir wenden uns nun zur Betrachtung der Identität

$$(a+b)(a-b) = a^2 - b^2.$$

Geometrisch setzt sie die Differenz zweier Quadrate in Beziehung zu einem Rechteck, und sie wird uns bei der geometrischen Auflösung der quadratischen Gleichung von Nutzen sein.

Wir schreiben uns die Identität in geeigneter Form, und setzen dazu
$$a + b = u$$
$$a - b = v.$$

Dann ist also $\quad a = \dfrac{u+v}{2}, \quad b = \dfrac{u+v}{2},$

und wir haben eine der ersten gleichwertige Identität in dieser neuen Form:

$$u \cdot v = \left(\frac{u+v}{2}\right)^2 - \left(\frac{u-v}{2}\right)^2.$$

Wie hat man sich nun geometrisch das Rechteck vorzustellen, das aus der Differenz zweier Quadrate gebildet ist?

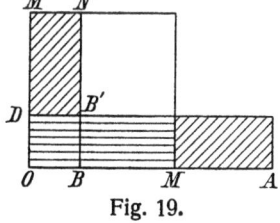

Fig. 19.

Auf einer Geraden tragen wir vom Punkte O aus die beiden Längen $OA = u$, $OB = v$ ab. Die Mitte von BA sei M. Dann ist

$$BM = MA = \frac{u-v}{2} \quad \text{und} \quad OM = v + \frac{u-v}{2} = \frac{2v+u-v}{2} = \frac{u+v}{2}.$$

Über $\overline{OM}$ konstruieren wir das Quadrat $\overline{OM}^2 = \left(\dfrac{u+v}{2}\right)^2$, über $\overline{OB}$ ein Rechteck, ebenso über $\overline{OA}$. Das Rechteck über

36 V. Die geometrische Algebra

$\overline{OA}$ zerfällt in zwei Teile, der eine über $\overline{OM}$, der andere über $\overline{MA}$. Das Teilrechteck über $\overline{MA}$ ist aber gleich dem Rechteck $DB'NM'$. Daraus ergibt sich sofort, daß das Rechteck über $\overline{OA}$, d. h. $\overline{OA}\cdot\overline{OB}$, die Differenz zweier Quadrate ist. Es ist nämlich
$$\overline{OA}\cdot\overline{OB} = \overline{OM}^2 - \overline{BM}^2.$$

Von diesem Resultat wollen wir nun eine interessante Anwendung machen:

2. Die geometrische Auflösung von quadratischen Gleichungen bei den Griechen. Wir wollen folgende geometrische Aufgabe lösen:

Über einer **gegebenen** Seite a soll ein Rechteck $a \cdot x$ konstruiert werden, das um das Quadrat über dieser **unbekannten** Rechteckseite x **vermehrt**, gleich einem gegebenen Quadrate b^2 ist!

Die Lösung der Aufgabe ist diese:

Man bildet ein rechtwinkliges Dreieck, dessen eine Kathete von der gegebenen Länge b ist, während die andere die gegebene Länge $\frac{a}{2}$ hat. Dann ist die Hypotenuse dieses rechtwinkligen Dreiecks um ein Stück x größer als die Kathete $\frac{a}{2}$. Das Stück x erhalten wir auf der Hypotenuse, wenn wir mit $\frac{a}{2}$ um M einen Kreis beschreiben (Fig. 20).

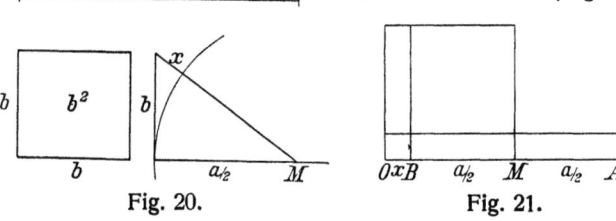

Fig. 20.   Fig. 21.

Diese Strecke x ist in der Tat die gesuchte Seite des Rechtecks ax. Denn benutzen wir die oben gewonnene geometrische Darstellung eines Rechtecks als Differenz zweier Quadrate, so hat man ja nur in jener Figur $\overline{OB}$ gleich der Strecke x zu setzen, $\overline{BM} = \frac{a}{2}$, $\overline{BA} = a$ und es ist das (vgl. Fig. 21) Rechteck

2. Die geometrische Auflösung von quadrat. Gleichungen usw. 37

$$\begin{cases} (x+a) \cdot x = \left(x + \frac{a}{2}\right)^2 - \left(\frac{a}{2}\right)^2 \\ \overline{OA} \cdot \overline{OB} = \overline{OM}^2 - \overline{BM}^2. \end{cases}$$

Das Rechteck $\overline{OA} \cdot \overline{OB}$ setzt sich in unserem Falle zusammen aus dem Rechteck ax und dem Quadrat x^2. Die Differenz der beiden Quadrate $\overline{OM}^2 - \overline{BM}^2$ dagegen ist, wie aus dem rechtwinkligen Dreieck zur Konstruktion von x folgt, nichts anderes als das gegebene Quadrat b^2. Damit ist der Beweis für die Richtigkeit der Lösung der Aufgabe erbracht. Dieser geometrischen Aufgabe entspricht in der rechnerischen Algebra aber nichts anderes als die Auflösung einer quadratischen Gleichung. Die Strecke x ist nämlich die Wurzel der Gleichung:
$$x^2 + ax - b^2 = 0.{}^1)$$

Wir wenden uns nun zu der Aufgabe:

Über einer gegebenen Seite a soll ein Rechteck ax konstruiert werden, das um das Quadrat über dieser unbekannten Seite x vermindert, gleich einem gegebenen Quadrat b^2 ist. Sie hat folgende Lösung:

An dem einen Endpunkt der gegebenen Quadratseite b errichtet man das Lot und beschreibt um den anderen Endpunkt mit der Hälfte der gegebenen Seite a einen Kreis. Er schneidet auf dem Lot das Stück $\frac{a}{2} - x$ ab. Wir haben so die Strecke $\frac{a}{2} - x$, also auch x selbst. Daß x tatsächlich die gesuchte Rechteckseite darstellt, folgt wieder aus der oben abgeleiteten Konstruktion eines Rechtecks, das die Differenz zweier Quadrate ist. Setzt man jetzt in jener Figur $OB = x$, $BM = \frac{a}{2} - x$, also $OM = \frac{a}{2}$ und $MB = \frac{a}{2} - x$, dann ist das Rechteck $\overline{OA} \cdot \overline{OB} = \overline{OM}^2 - \overline{BM}^2$, d. h.

$$(a-x) \cdot x = \left(\frac{a}{2}\right)^2 - \left(\frac{a}{2} - x\right)^2.$$

Die rechte Seite ist nach dem Lehrsatz des Pythagoras und nach Fig. 22/23 das Quadrat über b. Das Rechteck auf der linken

---

1) Hier ist $a > 0$ vorausgesetzt. Es ist also von der allgemeinen quadratischen Gleichung $x^2 \pm mx \pm n = 0$, wo $m > 0$, $n > 0$ nur der Fall $x^2 + mx - n = 0$ erledigt.

Seite ist die Differenz aus dem Rechteck ax und dem Quadrat von x. Also ist wirklich das Rechteck über OA gleich dem gegebenen Quadrat b^2, also x die gesuchte Strecke. In der Sprache der Algebra ist diese Strecke x Wurzel einer quadratischen Gleichung, da ja die Relation

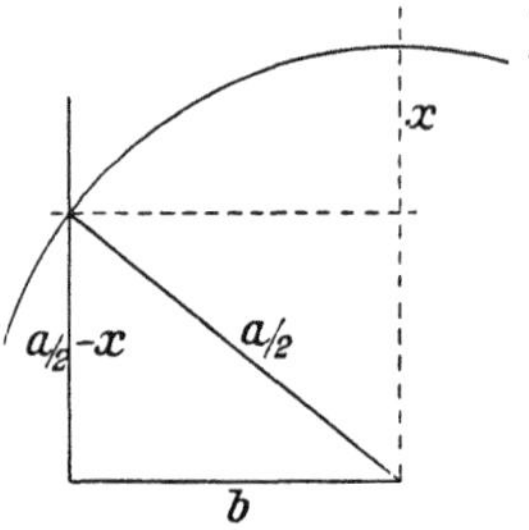

Fig. 22. 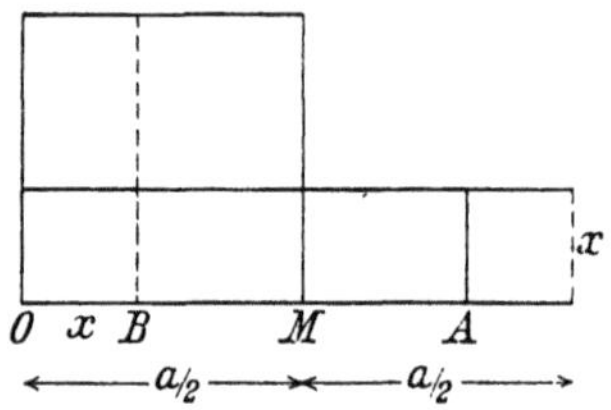 Fig. 23.

$$ax - x^2 = b^2$$

d. h. $\qquad x^2 - ax + b^2 = 0 \quad$ erfüllt ist.[1])

Diese Beispiele mögen genügen, um zu zeigen, wie die alten Griechen Gleichungen zweiten Grades zu lösen verstanden. Wir wollen daher nicht mehr länger bei diesem Gegenstand verweilen, machen aber noch ausdrücklich darauf aufmerksam, daß sie sich mit allen Gleichungen befaßten, die überhaupt eine reelle Lösung zulassen. Zwar hatte Diophant den sehr wichtigen Schritt getan, bei linearen Gleichungen, die zwischen gegebenen und unbekannten Größen bestehen, diese Beziehungen rein arithmetisch zu formulieren und von jedem geometrischen Beiwerk vollständig abzusehen, aber die Lösung der quadratischen Gleichungen auf algebraischem Wege hat erst der Araber Omar Alkhagyami gegeben und gleichzeitig eine geometrische Auseinandersetzung angeknüpft und auch eine geometrische konstruktive Lösung gegeben. Es ist klar, daß die spätere Algebra auch noch reich ist an geometrischen Methoden, die Wurzeln einer quadratischen Gleichung, die in einer bestimmten Form vorliegt, zu konstruieren.

3. Die „Einschiebungen". Die Dreiteilung des Winkels. Auf jeden Fall haben die Griechen aus ihrer geometrischen Al-

---

[1] Jetzt ist also auch der Fall $x^2 - mx + n = 0$ erledigt. Die beiden noch ausstehenden Fälle sind hier nicht behandelt.

3. Die „Einschiebungen". Die Dreiteilung des Winkels

gebra großen Nutzen gezogen, und sie sind in dem Studium von Kurven sehr weit vorgedrungen. Der Grund dafür ist sehr einfach. Als die Probleme: Dreiteilung des Winkels, Quadratur des Kreises und Verdoppelung des Würfels auftauchten, versuchte man zunächst mit Zirkel und Lineal die Konstruktion, aber man konnte sie nicht bewältigen. Deshalb versuchte man natürlich auf einem anderen Wege, durch Benutzung neuer Kurven, zu einer Lösung zu gelangen. Ein anderes Mittel zur Konstruktion in derartigen Fällen waren die sogenannten „Einschiebungen", zu denen sie ihre Zuflucht nahmen. Was man darunter zu verstehen hat, wird wohl am einfachsten an einem Beispiel klar. Wir wählen als solches die Dreiteilung des Winkels CAB. Das in einem Punkte B des einen Schenkels errichtete Lot trifft den anderen Schenkel im Punkte C. Durch C zieht man parallel zu AB eine Gerade. Dann schiebt man den einen Endpunkt einer Strecke der Länge $2AC$ auf BC so lange, bis der andere Endpunkt dieser Strecke die Parallele zu AB durch C in einem Punkte A'' trifft und die Verlängerung der Strecke $2AC = A'A''$ gleichzeitig durch A geht. Das Dreieck $A'CA''$ ist bei C rechtwinklig. Um C' läßt sich also ein Halbkreis beschreiben, der durch C geht, also ist $C'C$ gleich dem Radius des Halbkreises, d. h. gleich $C'A''$, andererseits ist $C'A''$ nach Konstruktion gleich AC. Das Dreieck ACC' ist also gleichschenklig, d. h. $\measuredangle CAC' = \measuredangle CC'A$. Dieser Winkel ist aber Außenwinkel des ebenfalls gleichschenkligen Dreiecks $CC'A''$. Als solcher ist $\measuredangle CC'A$ das Doppelte des Winkels $CA''C'$. Dieser ist gleich seinem Wechselwinkel $\measuredangle A''AB$, also ist auch

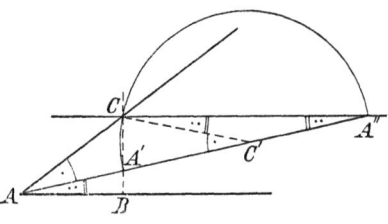

Fig. 24.

$$\measuredangle CAC' = 2 \measuredangle A''AB$$

und daraus folgt $\measuredangle A'AB = \frac{1}{3} \measuredangle CAB$.

Allgemein besteht eine „Einschiebung" darin, daß man eine Strecke gegebener Länge mit ihren Endpunkten auf gegebenen

40 V. Die geometrische Algebra

Linien gleiten läßt, so daß ihre Verlängerung durch einen gegebenen Punkt geht. Als Konstruktionsmittel war sie bei einigen Mathematikern in älterer Zeit neben Zirkel und Lineal vollständig gleichberechtigt.

4. Die Muschellinie und der Conchoidenzirkel des Nikomedes. In engem Zusammenhang mit diesen Einschiebungen steht die Conchoide oder Muschellinie des Nikomedes. Diese Kurve wird von dem einen Endpunkt B einer Strecke AB beschrieben, während der andere A auf einer Geraden gleitet (der sogenannten Leitlinie!) und die Verlängerung dieser

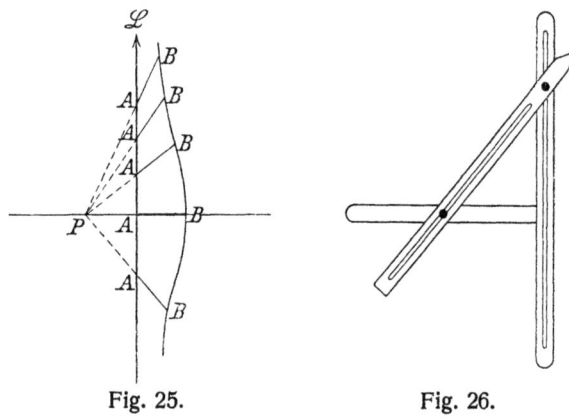

Fig. 25.   Fig. 26.

Strecke durch einen festen Punkt P, den Pol, geht. Die Fig. 25 zeigt den Verlauf der von B erzeugten Kurve.

Zum Zeichnen dieser Kurve hatte Nikomedes sogar ein Instrument, den Conchoidographen, konstruiert (Fig. 26), das neben Zirkel und Lineal als gleichberechtigtes Konstruktionsmittel galt. Uns interessiert hier am meisten, daß vermittelst dieser Muschellinie eine Lösung des Delischen Problemes möglich ist und auch von Nikomedes angegeben wurde. Wir werden gleich noch näher darauf zurückkommen.

Daß vermöge komplizierter Kurven ein mit Zirkel und Lineal (d. h. mit Kreisen und Geraden) unlösbares Problem gelöst werden kann, ist leicht einzusehen. Erinnern wir uns nur an das über die Gleichung einer Kurve Gesagte! Eine Kurve (z. B. Gerade, Kreis, Conchoide) sonderte aus allen

4. Die Muschellinie und der Conchoidenzirkel des Nikomedes

Punkten der Zahlenebene eine bestimmte Klasse aus. Die Punkte der Zahlenebene faßten wir auf als die Bilder von Zahlenpaaren $(x; y)$. Eine allen Kurvenpunkten äquivalente Aussonderung aus allen überhaupt möglichen Zahlenpaaren hatte uns eine zwischen x und y bestehende Zahlenbeziehung geleistet, und zwar sagten wir, die Zahlenbeziehung heißt „die Gleichung der betreffenden Kurve", wenn alle die vermöge dieser Gleichung einander zugeordneten Werte von x und y Zahlenpaare $(x; y)$ ausmachten, die ihre Bildpunkte auf dieser Kurve hatten. Für die Gerade war diese Zahlenbeziehung eine in x und y lineare, d. h. x und y kamen nur in der ersten Potenz vor. Die Kegelschnitte: Kreis, Ellipse, Parabel und Hyperbel sind nun die Kurven, die ihr Äquivalent haben in einer in x, y quadratischen Zahlenbeziehung. Daher nennt man diese Kurven auch von zweiter Ordnung; z. B. sagten wir, daß die Gleichung eines Kreises mit dem Radius r um den Koordinatenanfangspunkt lautet: $x^2 + y^2 = r^2$. Es ist daher klar, was es heißt, die Conchoide ist eine Kurve vierter Ordnung. Wir können uns nun auch einen Begriff davon machen, aus welchem Grunde die Alten bei Konstruktionen, die durch Zirkel und Lineal nicht gelöst werden konnten, zunächst verlangten, die Lösung mit Hilfe der Kegelschnitte zu finden und erst, wenn sich auch deren Unzulänglichkeit herausstellte, zu anderen Kurven übergingen. Es bedeutete daher in ihren Augen einen Fortschritt, als Menächmus das Delische Problem durch die Kegelschnitte löste.

Nach all diesen Bemerkungen wollen wir nun an einigen Beispielen zeigen, welche Wege die alten Griechen ersannen, um ohne Zirkel und Lineal zu einer Lösung zu gelangen, nachdem ihnen — ohne daß sie natürlich den tieferen Grund dafür erkannt hätten — eine Lösung mit Zirkel und Lineal unmöglich erschien.

VI. DIE VERDOPPELUNG DES WÜRFELS NACH PLATO, MENÄCHMUS UND NIKOMEDES

1. Das Delische Problem und die Konstruktion der zwei mittleren Proportionalen. Wie die Hellenen zur geometrischen Konstruktion einer Wurzel einer quadratischen Gleichung ge-

VI. Die Verdoppelung des Würfels nach Plato

langten, haben wir an einigen Beispielen gesehen. Das Problem, „die Kante x eines Würfels zu finden, dessen Inhalt das Doppelte eines gegebenen beträgt" ist auch ein Problem der Algebra, und zwar verlangt es die geometrische Konstruktion der Wurzel einer Gleichung dritten Grades. Denn der Inhalt eines Würfels ist bekanntlich gegeben durch die dritte Potenz einer Seitenlänge a. Gefragt ist nach der Seitenlänge x eines Würfels von doppeltem Inhalt, also vom Inhalt $2a^3$. Die zu konstruierende Größe x muß also zur dritten Potenz erhoben den Wert $2a^3$ ergeben, d. h. es liegt uns die kubische Gleichung

$$x^3 = 2a^3$$

vor und wir sollen feststellen, ob diese Gleichung eine konstruierbare Wurzel besitzt. Der griechische Mathematiker Hippokrates (450 v. Chr.) hatte bereits ausgesprochen, daß das Problem der Würfelverdoppelung nichts anderes sei, als die Konstruktion der ersten von zwei mittleren Proportionalen, die zu der einfachen und doppelten Seite des gegebenen Würfels eingeschaltet werden.

Zunächst wollen wir zeigen, inwiefern das Delische Problem mit den zwei mittleren Proportionalen zusammenhängt!

Was versteht man denn überhaupt unter den zwei mittleren Proportionalen? Unter der Bestimmung einer mittleren Proportionalen versteht man das Auffinden eines Elementes x, das der Proportion: $a:x = x:b$ genügt. Man sieht, daß diese Aufgabe auf eine Quadratwurzel führt. Die Ermittelung von zwei mittleren Proportionalen ist die einfache Erweiterung:

Es sollen die beiden Größen x, y so bestimmt werden, daß

$$a : x = x : y = y : b$$

ist. Diese Bedingung läßt sich in die Formen kleiden

(1) $$ay = x^2$$

(2) $$bx = y^2$$

(3) $$a \cdot b = x \cdot y.$$

Durch Multiplikation von (1) resp. (2) mit (3) folgt

$$a^2 b = x^3, \quad ab^2 = y^3.$$

2. Die Lösung von Plato

Setzt man nun $b = 2a$, dann hat man
$$x^3 = 2a^3.$$

Wenn es also gelingt, zwischen a und $2a$ zwei mittlere Proportionale zu konstruieren, dann ist das Delische Problem gelöst.

Es wäre ein Irrtum zu meinen, die Aufgabe hätte sich prinzipiell durch diese neue Formulierung vereinfacht. Wenn dem auch nicht so ist, einen Fortschritt auf dem Wege zur Lösung des Delischen Problems bedeutet diese Auffassung des Problems insofern, als sich Mathematiker fanden, die eine geometrische Lösung angaben, natürlich ohne alleinige Anwendung von Zirkel und Lineal.

2. Die Lösung von Plato. Wir beginnen mit der Plato zugeschriebenen Konstruktion der zwei mittleren Proportionalen.

Wir zeichnen uns (Fig. 27) zwei zueinander senkrechte Achsen mit dem Schnittpunkt O. Von O aus tragen wir auf der einen den Abschnitt a ab und erhalten den Punkt A, auf der anderen den Abschnitt b und erhalten den Punkt B. Eine Gerade durch den Punkt B der einen Achse schneidet die andere im Punkte C. In C errichten wir die Senkrechte auf BC, die eine durch A parallel zu BC gehende Gerade in S schneidet. Nun denken wir uns die beiden durch B und A gehenden parallelen Geraden um den Punkt B und A als Drehpunkt gedreht, und zwar so lange, bis dadurch der Punkt S auf die Gerade durch B und O gewandert ist. Dadurch erhalten wir die Punkte S' und C'. Damit haben wir die beiden mittleren Proportionalen x und y, und zwar ist der Abstand

$$OS' = x,$$
$$OC' = y.$$

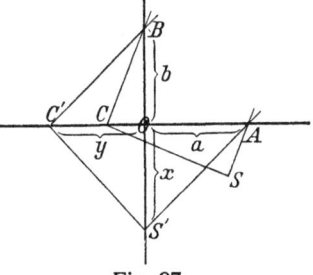

Fig. 27.

Denn das Quadrat über der Höhe eines rechtwinkligen Dreiecks ist gleich dem Rechteck aus den Hypotenusenabschnitten. Daher gilt für die beiden rechtwinkligen Dreiecke $AS'C'$ und $BC'S'$

$$\overline{OS'}^2 = \overline{C'O} \cdot \overline{OA} \quad \text{bzw.} \quad \overline{C'O}^2 = \overline{S'O} \cdot \overline{OB},$$
d. h. $\quad x^2 = y \cdot a \quad\quad$ bzw. $\quad\quad y^2 = x \cdot b,$
also $\quad a : x = x : y, \quad\quad\quad x : y = y : b.$

Diese platonische Lösung des Problems geschieht also mit Hilfe einer algebraischen Kurve dritten Grades, die der Punkt S durch seine Wanderung beschreibt. Auf diese analytische Formulierung soll nicht eingegangen werden. Wir wenden uns vielmehr zur Lösung des Problems durch Menächmus.

3. Die Lösung von Menächmus.
Menächmus konstruierte die beiden mittleren Proportionalen mit Hilfe der Kegelschnitte und zwar folgendermaßen:

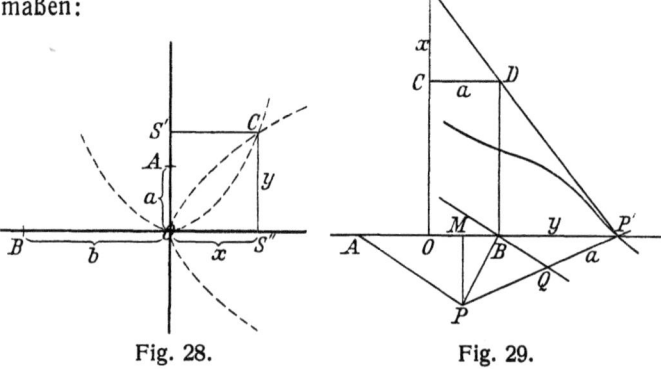

Fig. 28.   Fig. 29.

Er zeichnete zwei Geraden, die sich unter einem Winkel von 90° schneiden (Fig. 28). Der Schnittpunkt sei O. Von O aus trägt man auf der einen Geraden a ab und erhält den Punkt A, auf der anderen Geraden b und erhält B. Dann konstruiere man eine Parabel, deren Achse durch OB geht, die den Scheitel in O und den Parameter b hat, alsdann eine Parabel, deren Achse durch O und A geht, die den Scheitel O und den Parameter a hat. Der Schnittpunkt der beiden Parabeln sei C.

Die Lote von C aus auf die beiden Achsen treffen diese in S' und S''. Dann ist
$$CS' = x$$
$$CS'' = y.$$

4. Die Lösung des Problems mit der Conchoide

Dies läßt sich analytisch geometrisch einsehen, denn für die erst konstruierte Parabel ist

$$y^2 = bx, \text{ also } x:y = y:b,$$

für die zweite ist

$$x^2 = ay, \text{ also } x:y = a:x.$$

Daraus erhält man die Proportion

$$a:x = x:y = y:b$$

und daraus wiederum die Gleichung $x^3 = a^2 b$ und für $b = 2a$

$$x^3 = 2a^3.$$

Die andere Lösung von Menächmus benutzt eine dieser Parabeln und die Hyperbel $x \cdot y = a \cdot b$.

4. Die Lösung des Problems mit der Conchoide durch Nikomedes. Wir haben bereits erwähnt, daß Nikomedes mit Hilfe der Conchoide das Delische Problem gelöst hat. Wir lassen nun diese Konstruktion folgen, die ebenfalls auf der Konstruktion der zwei mittleren Proportionalen beruht (Cantor I, S. 335, 336), da ja aus $a:x = x:y = y:2a$ direkt die für das Delische Problem charakteristische Gleichung folgt. Wir wollen nun den geistreichen Beweis von Nikomedes verfolgen und sehen, wie er in der Proportion $a:x = x:y = y:2a$ die beiden mittleren Proportionalen konstruiert hat. (Fig. 29.)

Die Strecke AB der Länge $2a$ sei in O halbiert. Über OB zeichnen wir das Rechteck $OBDC$, dessen zweite Seite $2a$ ist. In der Mitte M der Seite OB errichten wir das Lot. Seine Länge soll dadurch bestimmt sein, daß sein Endpunkt P von der Ecke B die Entfernung a haben soll. P sei nun der Pol der Conchoide, deren Leitlinie die Parallele zu AP durch den Eckpunkt B ist. Die zu dem Pole P und dieser Leitlinie konstruierte Conchoide schneidet die Verlängerung von AB in P'. Verbindet man diesen Punkt P' der Conchoide mit dem Eckpunkte D des Rechtecks, dann schneidet diese Verbindungslinie die Verlängerung der Rechteckseite OC in R. Wir behaupten nun, daß $RC = x$ und $BP' = y$ die gesuchten beiden mittleren Proportionalen zu a und $2a$ sind. Daß dies zutrifft, sieht man folgendermaßen:

VI. Die Verdoppelung des Würfels nach Nikomedes

Aus der Ähnlichkeit der Dreiecke RCD und DBP' folgt, daß

$$\frac{x}{a} = \frac{2a}{y}$$

ist, also

$$x = \frac{2a \cdot a}{y}.$$

Daraus folgt aber, daß x ebenfalls gleich $\overline{PQ}$ ist. Denn

$$\frac{P'A}{P'B} = \frac{P'P}{P'Q},$$

d. h.

$$\frac{2a+y}{y} = \frac{a+\overline{PQ}}{a},$$

also

$$a(2a+y) = y(a+\overline{PQ})$$

$$2a^2 + ay = ay + \overline{PQ} \cdot y,$$

$$2a^2 = PQ \cdot y,$$

d. h. es ist

$$\overline{PQ} = \frac{2a \cdot a}{y} = x.$$

Nachdem dies festgestellt ist, betrachten wir die beiden rechtwinkligen Dreiecke MPB, MPP'. Für die Länge der Kathete MP ergibt sich aus dem ersten der beiden Dreiecke

$$\overline{MP}^2 = \overline{PB}^2 - \overline{MB}^2,$$

aus dem zweiten der genannten rechtwinkligen Dreiecke

$$\overline{MP}^2 = \overline{PP'}^2 - \overline{MP'}^2.$$

Es ist also auch

$$\overline{PB}^2 - \overline{MB}^2 = \overline{PP'}^2 - \overline{MP'}^2.$$

Hierin setzen wir die für diese Strecken gültigen Maßzahlen ein. Dann erhalten wir

$$a^2 - \left(\frac{a}{2}\right)^2 = (a+x)^2 - \left(y+\frac{a}{2}\right)^2.$$

Die rechte Seite liefert ausgerechnet

$$a^2 - \left(\frac{a}{2}\right)^2 = a^2 + 2ax + x^2 - y^2 - ay - \left(\frac{a}{2}\right)^2$$

$$0 = 2ax + x^2 - y^2 - ay,$$

also

$$0 = x(2a+x) - y(a+y).$$

4. Die Lösung des Problems mit der Conchoide

Daraus ergibt sich die Proportion

$$\frac{x}{y} = \frac{a+y}{2a+x}.$$

Für das auf der rechten Seite stehende Verhältnis $\frac{a+y}{2a+x}$ ergibt sich noch ein anderer Wert, und zwar sehen wir, daß $a+y$ und $2a+x$ die Seiten des Dreiecks $P'OR$ sind. Dieses Dreieck ist aber dem Dreieck $P'BD$ ähnlich, also gilt auch die Proportion

$$\frac{a+y}{2a+x} = \frac{y}{2a}.$$

Aus den beiden Proportionen $\frac{x}{y} = \frac{a+y}{2a+x}$ und $\frac{a+y}{2a+x} = \frac{y}{2a}$ folgt demnach

$$\frac{x}{y} = \frac{y}{2a}.$$

Anders geschrieben ist also

$$y^2 = 2ax.$$

Die erste unserer beiden Proportionen hatten wir hergeleitet aus der Beziehung

$$0 = 2ax + x^2 - y^2 - ay.$$

Addieren wir zu dieser die eben gefundene $y^2 = 2ax$, d. h. $0 = y^2 - 2ax$, dann ergibt sich

$$0 = x^2 - ay,$$

also $\quad x^2 = ay.$

Eben hatten wir gefunden, daß $y^2 = 2ax$ ist. Durch Kombination dieser beiden letzten Gleichungen erhalten wir

$$a : x = x : y = y : 2a.$$

Demnach sind die gefundenen Stücke x und y tatsächlich die beiden mittleren Proportionalen zu a und $2a$. So hat Nikomedes das Delische Problem gelöst mit Hilfe der von ihm erfundenen Conchoide. Die Ausführung bewerkstelligte er mit seinem Conchoidenzirkel, also mechanisch; sie bedeutet gleichzeitig die mechanische Auflösung der kubischen Gleichung $x^3 = 2a^3$. Nebenbei wollen wir nun noch die Bemer-

kung anknüpfen, daß der große Newton diese Kurve benutzte, um die Wurzel einer allgemeinen kubischen Gleichung
$$x^3 + ax^2 + bx + c = 0$$
zu konstruieren.

5. Das Mesolabium des Eratosthenes und das Delische Problem. Es ist bereits erwähnt worden, daß Eratosthenes auch eine Lösung in dem genannten Briefe auseinandersetzte. Seine Lösung mit dem sogenannten Mesolabium wollen wir auch noch anführen. Der kurvenerzeugende Conchoidenzirkel war für Nikomedes ein Instrument, das in gewissem Sinne eine mechanische Lösung erlaubte. Das Mesolabium des Eratosthenes jedoch ist eine Vorrichtung, die nicht der Kurvenerzeugung dient, sondern ganz rein mechanisch die beiden mittleren Proportionalen zu finden gestattet. Dieser Apparat besteht aus drei rechteckigen Täfelchen, die, zwischen zwei Schienen beweglich, übereinander verschoben werden können. In jedem der gleichen Rechtecke sei dieselbe Diagonale gezogen.

Die Rechteckseite AB sei gleich b, das Stück a (das erste Glied der Proportion) wird auf der rechten Seite des III. Rechtecks von der Ecke A''' aus abgetragen. Also ist $A''' P'''$ von der Länge a. Verschiebt man nun die in Schienen gleitenden Rechtecke so, daß ein Teil des Rechtecks II von I, ein Teil des Rechtecks III vom Rechteck II verdeckt wird, so treffen die Diagonalen d_2 und d_3 die Rechteckseiten $A'B'$, $A''B''$ in P' und P''. Verschiebt man nun so lange, bis P' und P'' auf die Gerade durch BP''' zu fallen kommen, dann sieht man direkt, daß folgende Proportion besteht

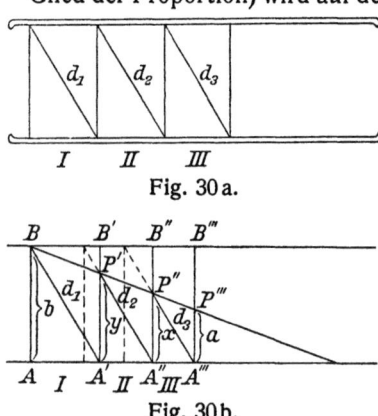

Fig. 30a.

Fig. 30b.

$$AB : P'A' = P'A' : P''A'' = P''A'' : P'''A''',$$
$$b : y = y : x = x : a.$$

1. Das Delische Problem als Problem der Algebra

Es sind also die Stücke $A''P''$ und $A'P'$ die beiden mittleren Proportionalen zu a und b. Daß diese Proportion besteht, also wirklich x und y die gesuchten Größen sind, sieht man ohne weiteres aus der Fig. 30b.

VII. DIE NICHTKONSTRUIERBARKEIT EINER WURZEL EINER KUBISCHEN GLEICHUNG (UNLÖSBARKEIT DES DELISCHEN PROBLEMS)

1. Das Delische Problem als Problem der Algebra. Wenn wir unseren Gedankengang noch einmal verfolgen, so erkennen wir, daß Geometrisches und Algebraisches in einem bestimmten Zusammenhang stehen. Wir haben eingesehen, daß die Lösung eines geometrischen Problems mit dem Rüstzeug der Algebra erfolgen kann. Unsere rein geometrische Aufgabe, festzustellen, ob der Gebrauch von Lineal und Zirkel ausreicht, um einen Würfel zu verdoppeln, hat sich umgewandelt in die algebraische Frage: Gehört die Wurzel der kubischen Gleichung

$$x^3 - 2 = 0$$

einem Zahlenkörper an, der aus dem rationalen Zahlenkörper durch eine Reihe von Quadratwurzeladjunktionen gebildet werden kann?

Unser geometrisches Problem ist zu einem algebraischen geworden und hierin liegt die Rechtfertigung dafür, daß wir im Anfang, ohne die näheren Gründe zu ahnen, uns mit Adjunktionen und algebraischen Körpern beschäftigt haben. Deshalb wollen wir den damals beschrittenen Weg wieder aufnehmen.

Wie ist ein Zahlenkörper aufgebaut, der aus dem rationalen Körper durch Adjunktion der Wurzel einer kubischen Gleichung entstanden ist? Wann kann man eine kubische Gleichung durch eine Kette von Quadratwurzeln lösen? Wenn wir uns darüber im klaren sind, dann brauchen wir nur unsere kubische Gleichung $x^3 - 2 = 0$ auf diese Bedingungen hin zu untersuchen.

2. Konstruierbarkeit und Nichtkonstruierbarkeit der Wurzeln einer kubischen Gleichung. Es ist klar, daß es überhaupt kubische Gleichungen gibt, deren Wurzeln sich mit Lineal und Zirkel konstruieren lassen.

VII. Die Nichtkonstruierbarkeit einer Wurzel usw.

Denn wenn man eine kubische Gleichung
$$x^3 + Ax^2 + Bx + C = 0$$
mit den Wurzeln x_1, x_2, x_3 hat, so kann man nach einem Satze aus der Algebra, die Gleichung auch so schreiben
$$(x - x_1)(x - x_2)(x - x_3) = 0.$$
Wenn man bei einer Gleichung also eine Wurzel, etwa x_1, kennt, dann kann man die Gleichung durch $(x - x_1)$ dividieren und es bleibt zur Bestimmung der beiden Wurzeln x_2 und x_3 eine quadratische Gleichung übrig. Ist nun x_1 eine gewöhnliche rationale Zahl, also konstruierbar, dann sind die beiden anderen Wurzeln sicher auch konstruierbar, da es die Wurzeln einer quadratischen Gleichung sind. Ein anderer Fall kann auch nicht eintreten. Das wird gerade der Inhalt unseres Satzes sein. Damit eine kubische Gleichung wenigstens **eine** konstruierbare Wurzel hat, muß sie eine rational konstruierbare Wurzel haben. Ist dies der Fall, dann ist aber **jede** Wurzel konstruierbar.

Eine kubische Gleichung hat wenigstens **eine** konstruierbare Wurzel heißt, diese Wurzel ist durch eine Kette von Quadratwurzeln bestimmbar. Ist dies der Fall, dann gehört sie sicher einem Körper an, der durch eine Reihe von Quadratwurzeln aufgebaut ist. Wir nennen ihn in leichtzuverstehender Weise
$$K(\sqrt{D_1}, \sqrt{D_2}, \ldots \sqrt{D_n}).$$
Dafür wollen wir noch kürzer K_n schreiben. K_n ist aus K_{n-1} durch Adjunktion von $\sqrt{D_n}$ entstanden. D_n ist eine Zahl aus K_{n-1}, die **nicht** das Quadrat einer Zahl aus K_{n-1} ist. Das heißt, die Wurzel der Gleichung
$$x^2 - D_n = 0$$
ist in K_{n-1} nicht vorhanden. Durch ihre Adjunktion zu K_{n-1} entsteht K_n. Jede Zahl aus K_n hat die Gestalt
$$A = u + v\sqrt{D_n},$$
wo u, v und D_n dem Körper K_{n-1} angehören, also dem vorletzten Rationalitätsbereiche.

Wir wollten die Konstruierbarkeit einer Wurzel einer kubischen Gleichung untersuchen. Dazu nehmen wir an unserer

2. Konstruierbarkeit und Nichtkonstruierbarkeit der Wurzeln

kubischen Gleichung eine Umformung vor; die allgemeine Gleichung

$$y^3 + Ay^2 + By + C = 0$$

läßt sich immer auf die einfachere Form

$$x^3 + ax - b = 0 \quad (a \text{ und } b \text{ rational!})$$

bringen, und zwar ohne Anwendung von Wurzeln. Man setze dazu

$$y^3 = x^3 - Ax^2 + \tfrac{1}{3}A^2 x - \tfrac{1}{27}A^3$$
$$y^2 = x^2 - \tfrac{2}{3}A x + \tfrac{1}{9}A^2$$
$$y = x - \tfrac{1}{3}A$$

in die allgemeine Gleichung ein, ordne nach fallenden Potenzen von x und bezeichne dann die auftretenden Koeffizienten

$$B - \tfrac{1}{3}A^2 \text{ und } \tfrac{2}{27}A^3 + \tfrac{1}{3}AB - C$$

mit a und b. Dadurch erhält man dann die angegebene einfachere Form der kubischen Gleichung.

Hat diese Gleichung die Wurzeln x_1, x_2, x_3, so folgt durch einen Vergleich mit

$$(x - x_1)(x - x_2)(x - x_3) = 0,$$

daß die Summe der Wurzeln gleich Null ist

$$x_1 + x_2 + x_3 = 0.$$

Nehmen wir an, eine nicht rationale Wurzel sei konstruierbar, es sei die Wurzel x_1.

Dann gilt für x_1 die Darstellung

$$x_1 = u + v\sqrt{D_n}.$$

Als Wurzel unserer kubischen Gleichung muß sie, in dieselbe eingesetzt, diese erfüllen. Also es muß

$$(u + v\sqrt{D_n})^3 + a(u + v\sqrt{D_n}) - b = 0$$

sein und das heißt

$$u^3 + 3u^2 v\sqrt{D_n} + 3uv^2 D_n + v^3 D_n \sqrt{D_n} + au + av\sqrt{D_n} = 0.$$

Die einzigste hierbei nicht in K_{n-1} vorkommende Zahl ist $\sqrt{D_n}$. Deshalb fassen wir sinngemäß so zusammen

$$(u^3 + 3uv^2 D_n + au - b) + (3u^2 v + v^3 D_n + a \cdot v)\sqrt{D_n} = 0$$

VII. Die Nichtkonstruierbarkeit einer Wurzel usw.

In den Klammern stehen rationale Zusammensetzungen von Zahlen aus K_{n-1}, also selbst Zahlen aus K_{n-1}. Wir führen für sie die abgekürzte Schreibweise U, V ein und erhalten kürzer

$$U + V\sqrt{D_n} = 0.$$

Nun sollte $\sqrt{D_n}$ nicht dem Körper K_{n-1} angehören. Also muß sowohl U als auch V gleich Null sein. Denn wäre das nicht der Fall, so könnte man bilden

$$\sqrt{D_n} = -\frac{U}{V},$$

also $\sqrt{D_n}$ ließe sich rational durch Zahlen von K_{n-1} ausdrücken, wäre infolgedessen selbst eine Zahl aus K_{n-1}.

Also, wenn $\sqrt{D_n}$ **nicht** K_{n-1} angehört, und das wollen wir ja gerade voraussetzen, dann muß

$$U = V = 0$$

sein. Hieraus können wir eine wichtige Folgerung ziehen.

Denn, wenn $U = V = 0$ ist, dann ist auch

$$U - V\sqrt{D_n} = 0.$$

Daraus ziehen wir nun einen wichtigen Schluß:

Sehen wir uns die über $U + V\sqrt{D_n} = 0$ stehende Gleichung oben einmal genauer an, so erkennen wir, daß in der ersten Klammer die Zahl v in der zweiten Potenz, in der zweiten Klammer dagegen nur in der ersten und dritten Potenz vorkommt. Ersetzen wir also v durch $-v$, dann geht

$$U + V\sqrt{D_n} = 0 \text{ über in } U - V\sqrt{D_n} = 0.$$

Diese letzte Gleichung hat sich aber als zulässig erwiesen. Wir können deshalb v durch $-v$ ersetzen, ohne zu einem falschen Ergebnis zu gelangen. Dadurch wird aus

eine **zweite** Wurzel
$$x_1 = u + v\sqrt{D_n}$$
$$x_2 = u - v\sqrt{D_n}$$

gewonnen. Die dritte Wurzel x_3 hängt mit den beiden x_1 und x_2 zusammen durch die Gleichung

$$x_1 + x_2 + x_3 = 0;$$

3. Die Unlösbarkeit des Problems

also ist die dritte Wurzel
$$x_3 = -x_1 - x_2 = -2u$$
und ist, da u aus K_{n-1} stammt, ebenfalls zu diesem Körper gehörig. Wenn x_3 rational ist, dann lassen sich, wie wir schon bemerkt haben, alle Wurzeln konstruieren. Wir wollen aber eine kubische Gleichung untersuchen, die keine rationale Wurzel hat. Demnach muß sich x_3 durch ein $\sqrt{D_i}$ ausdrücken lassen; da x_3 aber K_{n-1} angehört, kann $\sqrt{D_i}$ nicht die zuletzt adjungierte Wurzel sein. Es ist also eine Zahl von der Gestalt
$$x_3 = r + s\sqrt{D_i},$$
wo i kleiner als n ist.

Wenden wir nun genau dasselbe Verfahren an wie eben, so würde sich ergeben, daß eine der beiden Wurzeln x_1 und x_2 von der Form $-2r$ sein müßte. Da aber r sicher nicht dem letzten Körper K_i angehört, so müßte diese andere Wurzel also schon Zahl eines Körpers sein, der K_i vorausgeht. Dies ist aber ein Widerspruch. Denn einerseits müßte diese Wurzel, wenn sie durch eine Kette von Quadratwurzeln bestimmbar ist, dem letzten Körper K_n angehören, andererseits dürfte sie es nicht tun, wie wir eben gezeigt haben. Daraus ergibt sich die Tatsache, daß eine kubische Gleichung, die keine rationale Wurzel hat, nie durch eine Kette von Quadratwurzeln lösbar sein kann, geometrisch gesprochen keine mit Zirkel und Lineal konstruierbare Wurzel haben kann. Dies ist der Satz, aus dem sich die Unmöglichkeit, einen Würfel unter alleiniger Anwendung von Zirkel und Lineal zu verdoppeln, ohne weiteres ergibt.

3. Die Unlösbarkeit des Problems. Die Frage, ob unsere kubische Gleichung
$$x^3 = 2$$
eine konstruierbare Wurzel hat, ist gleichbedeutend mit der, ob sie eine **rationale** Wurzel hat. Und daß dies für die vorgelegte Gleichung nicht der Fall ist, wissen wir bereits, da keine rationale Zahl $\frac{m}{n}$ existiert, die in die dritte Potenz erhoben 2 gibt. Die Gleichung $x^3 - 2 = 0$ hat keine rationale Lösung und das heißt nichts anderes als:

Das Delische Problem läßt sich mit Zirkel und Lineal allein **nicht** lösen.

VIII. REGELMÄSSIGES SIEBENECK UND QUADRATUR DES KREISES

Zum Schlusse wollen wir noch kurz auf zwei Konstruktionsprobleme eingehen, die gleichfalls dem Altertum entstammen und auch erst in neuerer Zeit ihre Erledigung gefunden haben: Die Konstruktion eines regelmäßigen n-Ecks und die Quadratur des Kreises.

1. Regelmäßige n-Ecke. Es war den Griechen bereits bekannt, daß, wenn die Eckenzahl eines regelmäßigen Vielecks 3 oder 5 oder eine Potenz von 2 ist, und damit für alle Zusammensetzungen $2^m \cdot 3$, $2^m \cdot 5$, $2^m \cdot 3 \cdot 5$, die Konstruktion möglich ist. Gauß fand dann, daß alle die n-Ecke, deren Eckenzahl eine Primzahl (das ist eine Zahl, die als einzigste Teiler sich selbst und die Eins hat!) ist und sich in der Form

$$p = 2^{(2^n)} + 1$$

schreiben läßt, sich mit Zirkel und Lineal konstruieren lassen. Damit hatte er z. B. die Konstruierbarkeit des regelmäßigen 17-Ecks bewiesen. In seinen berühmten „Disquisitiones arithmeticae" (1801) hat Gauß dann gezeigt, daß für andere Primzahlen, z.B. für 7, die sich ja nicht in der Gestalt $2^{(2^n)} + 1$ schreiben läßt, eine Konstruktion mit Zirkel und Lineal unmöglich ist.

Da die Nichtkonstruierbarkeit eines regelmäßigen Siebenecks auch aus dem Satze über die Konstruierbarkeit der Wurzel einer kubischen Gleichung gefolgert werden kann, so wollen wir dieses Problem noch miterledigen. Dazu ist jedoch die Vertrautheit des Lesers mit dem Rechnen mit komplexen Zahlen und ihrer Darstellung in der komplexen Zahlenebene erforderlich. Wir wollen uns deshalb mit diesen, zum Verständnis des Folgenden notwendigen Dingen kurz befassen.

2. Komplexe Zahlen. Was versteht man nun unter einer komplexen Zahl, und besteht die Möglichkeit, diese komplexen Zahlen irgendwie abzubilden?

Die komplexen Zahlen sind nichts als eine Erweiterung des Zahlbegriffs, deren Notwendigkeit sich durch die Wurzelziehung geraden Grades aus negativen reellen Zahlen ergibt. Man gelangt dadurch zu dem „System der komplexen Zahlen",

3. Komplexe Zahlenebene und regelmäßiges Siebeneck

die wir in der Gestalt $a + bi$ darstellen, wo unter a und b reelle Zahlen, und unter $i = \sqrt{-1}$ die imaginäre Einheit zu verstehen ist. Diese Erweiterung umfaßt als speziellen Fall die Gesamtheit der reellen Zahlen; man braucht ja nur als zweite reelle Komponente die Zahl Null, also $b = 0$ zu wählen. Wenn wir nun die Operationsregeln für diese neuen Zahlen geeignet festsetzen, dann können wir auch die komplexen Zahlen als richtige Zahlen betrachten, denen nichts Geheimnisvolles anhaftet, sondern die nur eine sinngemäße Erweiterung unseres Zahlbegriffs bedeuten. Bei der Definition der Rechenoperationen wird man natürlich zweckmäßig so verfahren, daß im speziellen Fall der reellen Zahlen sich kein Konflikt mit den dort schon aufgestellten Gesetzen herausstellt. Unsere neu eingeführten Zahlen sind charakterisiert durch zwei reelle Zahlen, also durch ein Zahlenpaar $(a; b)$. Das führt uns auch gleich auf den Weg, eine geometrische Darstellung für diese Zahlen anzugeben. Man benutzt dazu die Punkte einer Ebene, die man die „Gaußsche Zahlenebene" nennt und in der die einzelnen Rechenoperationen eine anschauliche Deutung finden.

3. Komplexe Zahlenebene und regelmäßiges Siebeneck. Wir denken uns in der komplexen Zahlenebene einen Kreis mit dem Radius 1 — den Einheitskreis — eingezeichnet. Einem Winkel α am Mittelpunkt entspricht eine ganz bestimmte Länge (Fig. 31) des zugehörigen Kreisbogens. Dem ganzen Winkelraum von vier Rechten entspricht demgemäß die ganze Kreisperipherie, also 2π. Teilen wir durch Probieren die Peripherie in sieben gleiche Teile, so bilden die

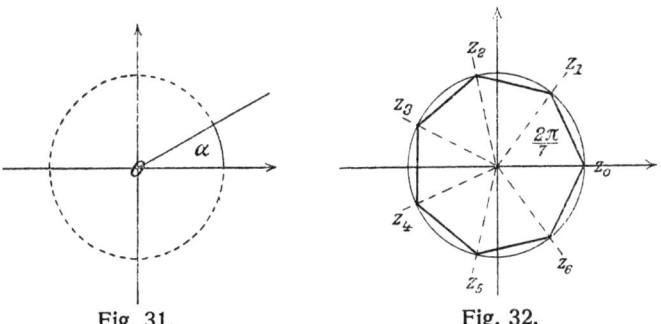

Fig. 31.   Fig. 32.

VIII. Regelmäßiges Siebeneck und Quadratur des Kreises

Teilpunkte die Ecken eines regelmäßigen Siebenecks (Fig. 32). Legen wir den ersten Eckpunkt in $Z_0 = 1$, dann sind die sieben Peripheriepunkte die Zahlen $Z_0, Z_1, Z_2 \ldots Z_6$, die algebraisch die Wurzeln der Gleichung

$$x^7 - 1 = 0$$

sind. Der Punkt, der dem Winkel $\frac{2\pi}{7} \cdot k$ entspricht, ist der Eckpunkt Z_k des Siebenecks, demnach ist der Eckpunkt $Z_0 = Z_7$.

Die Aufgabe, ein regelmäßiges Siebeneck zu konstruieren (den Kreis in sieben gleiche Teile zu teilen), ist also zurückgeführt auf die Lösung der Gleichung

$$x^7 - 1 = 0.$$

Da diese Gleichung sicher die Wurzel Eins hat, können wir uns beschränken auf die Untersuchung von dieser

$$\frac{x^7 - 1}{x - 1} = x^6 + x^5 + x^4 + x^3 + x^2 + x + 1 = 0.$$

4. Die Nichtkonstruierbarkeit des regelmäßigen Siebenecks.

Hat diese „Kreisteilungsgleichung" Wurzeln, die sich durch eine Kette von Quadratwurzeln ausdrücken lassen?

Statt $x^6 + x^5 + x^4 + x^3 + x^2 + x + 1 = 0$ können wir nach Division mit x^3 schreiben: $x^3 + x^2 + x + 1 + \frac{1}{x} + \frac{1}{x^2} + \frac{1}{x^3} = 0$.

Führt man nun noch für x eine neue Unbekannte y ein, die mit x durch die Gleichung $x + \frac{1}{x} = y$ zusammenhängt, dann erhalten wir als Gleichung

$$y^3 + y^2 - 2y - 1 = 0$$

also eine kubische, und man erkennt unmittelbar, daß, wenn diese Gleichung eine konstruierbare Wurzel hat, es auch für die Gleichung

$$x^3 + x^2 + x + 1 + \frac{1}{x} + \frac{1}{x^2} + \frac{1}{x^3} = 0$$

zutrifft. Wir haben nun zuzusehen, ob unsere kubische Gleichung durch eine Reihe von Quadratwurzelausziehungen lös-

5. Die Quadratur des Kreises

bar ist oder nicht. Dazu brauchen wir aber nur unseren Satz anzuwenden über die Konstruierbarkeit der Wurzeln einer kubischen Gleichung. Rufen wir uns diesen Satz ins Gedächtnis zurück! Damit eine kubische Gleichung eine konstruierbare Wurzel hat, muß sie eine r a t i o n a l konstruierbare Wurzel haben, das heißt, sie muß eine rationale Zahl als Wurzel haben. Trifft dies für diese Gleichung zu? Wenn ja, dann muß diese rationale Wurzel sich als Quotient zweier ganzer Zahlen schreiben lassen, also als Bruch $\frac{m}{n}$, wo m und n relativ prim sind. Wenn $x_1 = \frac{m}{n}$ eine Wurzel wäre, dann müßte also auch

$$\left(\frac{m}{n}\right)^3 + \left(\frac{m}{n}\right)^2 - 2 \cdot \frac{m}{n} - 1 = 0,$$

$$m^3 + m^2 \cdot n - 2mn^2 - n^3 = 0 \qquad \text{sein.}$$

$$m \cdot (m^2 + m \cdot n - 2n^2) = n^3.$$

Es müßte also n^3 und damit auch n selbst durch m teilbar sein und ebenso wäre notwendig, daß auch m durch n teilbar ist. Es würde demnach folgen:

$$m = \pm n$$

und $x_1 = \frac{m}{n} = \pm 1$ wäre Wurzel unserer Gleichung. Daß dies nicht zutreffen kann, zeigt ein einfaches Einsetzen.

Also gibt es für die Gleichung, die das algebraische Kriterium für die Konstruierbarkeit des Siebenecks darstellt, keine konstruierbare Wurzel.

5. Die Quadratur des Kreises. Schließlich soll noch erwähnt sein, daß der angegebene Weg, die Nichtkonstruierbarkeit mit Zirkel und Lineal erkennen zu können, uns auch die Unmöglichkeit „der Quadratur des Kreises" verstehen läßt. (Zur näheren Orientierung über dieses Problem, sei auf Bd. 12 dieser Sammlung hingewiesen!) Es handelt sich dabei um die Frage, ob sich die Zahl π, das ist das Verhältnis vom Umfang und Durchmesser eines Kreises, mit Zirkel und Lineal konstruieren läßt. Der Mathematiker L i n d e m a n n hat gezeigt, daß diese Zahl nicht Wurzel einer algebraischen Gleichung sein kann. Die notwendige und hinreichende Bedingung zur Konstruierbarkeit mit Zirkel und Lineal, nämlich einem Zahlenkörper anzugehören, der sich durch sukzessive Adjunktion von Quadratwurzeln aufbaut, ist also für diese Zahl π sicherlich n i c h t erfüllt.

Vom praktischen Standpunkt aus betrachtet mögen diese Probleme wohl unbedeutsam und der näheren Betrachtung nicht wert erscheinen. Man darf aber nicht verkennen, daß gerade die einfachsten Fragen durch viele Jahrhunderte unseren großen Mathematikern Anlaß gegeben haben, durch ihre angestellten Versuche das Gesamtgebäude der Mathematik weiter auszugestalten und zu verfeinern.

Als Band 50 der Math.-Phys. Bibl. erschien:
DER GEGENSTAND DER MATHEMATIK IM LICHTE IHRER ENTWICKLUNG
Von Oberstudiendirektor Dr. *H. Wieleitner*, Augsburg
Mit 20 Figuren im Text. (61 S.). kl. 8. 1925. Kart. RM 1.20

Das 50. Bändchen der Bibliothek will einen Überblick über das Gesamtgebiet geben, für das sie seinerzeit begründet wurde. Es will aufzeigen, wie die heutige Mathematik geworden ist und was sie will. Der hierzu besonders berufene Verfasser weiß in anschaulicher Weise die sachliche mit der geschichtlichen Entwicklung zu verbinden. Er läßt den Leser, der keiner besonderen Vorkenntnisse bedarf, zunächst das ganze Gebiet überschauen, um ihm dann, von der ja schon hoch entwickelten Mathematik der Griechen ausgehend, der modernen Mathematik zuzuführen. Zum Schluß wird in einem „Mathematik und Wirklichkeit" überschriebenen Kapitel gezeigt, wieso eine Anwendung der Mathematik auf die Naturerscheinungen möglich ist und in welcher Art sie erfolgt.

„Das was gewollt wird, Führer zu sein bei dem Gange durch den ganzen gewaltigen Park der Mathematik, ist völlig erreicht. Wir können ruhig sagen: Hier ist einmal das Schwerste gelungen; in klarer, ansprechender, jedermann verständlichen Form die höchsten und schwierigsten Gebiete einer sehr abstrakten Wissenschaft darzustellen und dabei immer wissenschaftlich zu bleiben. Gerade dies Büchlein wäre wie geschaffen, die leider immer noch recht zahlreichen Laienvorurteile gegen die Mathematik zu beseitigen. **(Augsburger Neueste Nachrichten.)**

Überblick über die Geschichte der Elementarmathematik. Von Oberstudiendir. Dr. *W. Lietzmann*, Göttingen. Mit 39 Abb. [VI u. 68 S.] 8. 1925. (1. Ergänzungsh. zu Lietzmann, Mathem. Unterrichtsw.) Kart. RM 1.80

Das vorliegende Ergänzungsheft zu Lietzmanns Mathematischem Unterrichtswerk entspricht den preußischen „Richtlinien" von 1925, die eine Berücksichtigung der Geschichte der Mathematik im Unterricht fordern. Es soll dem Schüler neben der Aufgabensammlung, die an die historischen Problemstellungen anknüpft, einen Gesamtüberblick geben.

Das Heft enthält eine knappe Darstellung der Entwicklung der Elementarmathematik im Rahmen der Kulturgeschichte, eine nach Sachgebieten geordnete Behandlung der Einzelprobleme und ein kleines Mathematikerverzeichnis.

Über den Bildungswert der Mathematik. Ein Beitrag zur philosophischen Pädagogik. Von Dr. *W. Birkemeier*, Berlin. [VI u. 191 S.] 8. 1923. (Wissenschaft und Hypothese Bd. 25.) Geb. RM 5.60

Die in unseren Tagen wieder lebhaft gewordene Frage nach dem Bildungswert der Mathematik wird in diesem Werk in umfassender und tiefgründiger Weise untersucht. Nach Klärung der Begriffe: Bildung, Bildungswert und Bildsamkeit einerseits und des Wesens der Mathematik andererseits wird dargetan, worin der Wert der Mathematik für die Schulung des Geistes liegt und in welcher Form die ihr eigenen Bildungswerte entfaltet werden können.

Das Wissenschaftsideal der Mathematik. Von Prof. *P. Boutroux.* Übersetzt von Dr. *H. Pollaczek* in Berlin-Wilmersdorf. (Wissenschaft und Hypothese Bd. 28.) [U. d. Pr. 1926.]

Boutroux unternimmt es in diesem Werke, die leitenden Gedanken und Prinzipien, die psychologische Einstellung zu schildern, die den Mathematiker bei seinen Forschungen leiten und beeinflussen. Also nicht die fertige sondern die werdende Wissenschaft ist es, der die eigenartige, auch Nichtmathematikern verständliche Darstellung gilt. Die Methode des Verfassers ist eine historisch-kritische. Er hebt die Geschichte der Mathematik von einer Chronik der einzelnen Entdeckungen und der einzelnen Entdecker zu einer Geschichte der mathematischen Ideen empor.

Verlag von B. G. Teubner in Leipzig und Berlin

Die Quadratur des Kreises. Von Prof. *E. Beutel*, Stuttgart. 2. Aufl. Mit 11 Fig. [57 S.] kl. 8. 1920. (MPhB 12.) Kart. RM 1.20

Das Bändchen gibt die wichtigsten Lösungsversuche zur Bestimmung des Kreisinhaltes, eines der berühmten Probleme der Mathematik wieder, und ist so auch geschichtlich von besonderem Interesse.

Archimedes. Von Oberstudiendirektor Dr. *A. Czwalina*, Gumbinnen. Mit 22 Fig. i T. [47 S.] kl. 8. 1925. (Math.-Phys. Bibl. 64.) Kart. RM 1.20

Gibt einen Einblick in Leben und Wirken des Archimedes und zeigt an der Hand seiner Schriften, welche Bedeutung ihm für die Entwicklung der Mathematik, Physik, Astronomie und des gesamten Weltbildes zukommt.

Naturwissenschaften, Mathematik und Medizin im klassischen Altertum. Von Dr. *J. L. Heiberg*, Prof. a. d. Univ. Kopenhagen. 2. Aufl. Mit 2 Figuren. [104 S.] kl. 8 1920. (ANuG Bd. 370.) Geb. RM 2.—

„Es ist sehr zu begrüßen, daß durch eine in großen Zügen gehaltene Darstellung einem weiteren Leserkreis vor Augen geführt wird, welch wissenschaftlicher Leistungen sich das klassische Altertum auf dem Gebiete der Mathematik, Physik, Astronomie, Geographie, der Naturwissenschaften und der Medizin zu rühmen vermag." (**Monatshefte f. Math. u. Physik.**)

Beispiele zur Geschichte der Mathematik. Ein mathematisch-historisches Lesebuch. Von Oberstudienrat Prof. Dr. *A. Witting*, Dresden und Oberstudienrat Dr. *M. Gebhardt*, Dresden. II. Teil. Mit 1 Titelbild und 28 Fig. 2., verb. Aufl. [VIII u. 62 S.] kl. 8. 1923. (MPhB 15.) Kart. RM 1.20

Das zum Selbststudium wie auch zur Verwendung in der Schule eingerichtete Büchlein bringt Proben aus mathematischen Originalwerken des Zeitraumes von etwa 1000 bis 1600 v. Chr. unter Ausschaltung der Gleichungen 3ten und 4ten Grades und unter Vermeidung der Infinitesimalrechnung.

Wie man einstens rechnete. Von Studienrat *E. Fettweis*, Düsseldorf. Mit 10 Figuren, 2 Tabellen und zahlreichen Aufgaben [56 S.] kl. 8. 1923. (Math.-Phys. Bibl. Bd. 49.) Kart. RM 1.20

Ein auch in kulturgeschichtlicher Hinsicht interessantes Bändchen, das die Rechenmethoden der verschiedenen Zeitalter und Völker an durchgeführten Beispielen veranschaulicht sowie ihre Entstehung und ihren Zusammenhang aufzeigt.

Rechnen der Naturvölker. Von Studienrat *E. Fettweis*, Düsseldorf. (Math.-Phys. Bibl. Bd. 71.) kl. 8. Kart. RM 1.20. [U. d. Pr. 1926.]

Ziffern und Ziffernsysteme. Von Ministerialrat Prof. Dr. *E. Löffler*, Stuttgart. 2. Aufl. I. Teil: Die Zahlzeichen der alten Kulturvölker. Mit 8 Abb. [58 S.] 8. 1918. II. Teil: Die Zahlzeichen im Mittelalter und in der Neuzeit. [59 S.] kl. 8. 1919. (Math.-Phys. Bibl. Bd. 1, 34.) Kart. je RM 1.20

„Der Verfasser hat es trefflich verstanden, den reichen, vielverzweigten Stoff in einer Form darzubieten, die den Leser durch ein klares Herausstellen der Hauptgesichtspunkte der wichtigsten Zusammenhänge fesselt und interessiert. Die beiden Bändchen bieten nicht bloß dem Mathematiker, sondern jedem Gebildeten, der sich für kulturhistorische Fragen interessiert, eine Fülle wertvoller Anregungen und Bereicherungen."
(**Korrespondenzblatt für die höheren Schulen Württembergs.**)

Funktionen, Schaubilder und Funktionstafeln. Eine elementare Einf. in die graph. Darstellung und in die Interpolation. Von Oberstudienrat Prof. Dr. *A. Witting*, Dresden. Mit 26 Fig. im Text, 3 Tafeln u. zahlr. Aufg. [IV u. 41 S.] kl. 8. 1922. (Math.-Phys. Bibl. Bd. 48.) Kart. RM 1.20

Vorliegendes Bändchen behandelt zunächst den Begriff und das Wesen des die Mathematik beherrschenden Funktionsbegriffs; dann werden die elementarsten Funktionen an Hand einiger Beispiele erläutert, wobei der graphischen Darstellung breiter Raum eingeräumt wird. Weiterhin wird die Methode der Interpolation eingehend erklärt und zum Schluß ein Überblick über die polytropischen Kurven gegeben.

Verlag von B. G. Teubner in Leipzig und Berlin

Mathematisch-Physikalische Bibliothek

Fortsetzung der 2. Umschlagseite

Darstellende Geometrie des Geländes und verwandte Anwendungen der Methode der kotierten Projektionen. Von R. Rothe. 2., verb. Aufl. (Bd. 35/36.)
Karte und Kroki. Von H. Wolff. (Bd. 27.)
Konstruktionen in begrenzter Ebene. Von P. Zühlke. (Bd. 11.)
Einführung in die projektive Geometrie. Von M. Zacharias. 2. Aufl. (Bd. 6.)
Funktionen, Schaubilder, Funktionstafeln. Von A. Witting. (Bd. 48.)
Einführung in die Nomographie. Von P. Luckey. I. Die Funktionsleiter. 2. Aufl. II. Die Zeichnung als Rechenmaschine. 2. Aufl. (Bd. 28 u. 37.)
Theorie und Praxis des logarithmischen Rechenstabes. Von A. Rohrberg. 3. Aufl. (Bd. 23.)
Mathematische Instrumente. Von W. Zabel. I. Hilfsmittel und Instrumente zum Rechnen. II. Hilfsmittel und Instrumente zum Zeichnen. [U. d. Pr. 1926.] (Bd. 59 u. 60.)
Die Anfertigung mathematischer Modelle. (Für Schüler mittlerer Klassen.) Von K. Giebel. 2. Aufl. (Bd. 16.)
Mathematik und Logik. Von H. Behmann. [In Vorb. 1926.]
Mathematik und Biologie. Von M. Schips. (Bd. 42.)
Die mathematischen Grundlagen der Variations- und Vererbungslehre. Von P. Riebesell. (Band 24.)
Die mathematischen und physikalischen Grundlagen der Musik. Von J. Peters. (Bd. 55.)
Mathematik und Malerei. 2 Bände in 1 Band. Von G. Wolff. 2. Aufl. (Bd. 20/21.)
Elementarmathematik und Technik. Eine Sammlung elementarmathematischer Aufgaben mit Beziehungen zur Technik. Von R. Rothe. (Bd. 54.)
Finanz-Mathematik. (Zinseszinsen-, Anleihe- und Kursrechnung.) Von K. Herold. (Bd. 56.)
Die mathematischen Grundlagen der Lebensversicherung. Von H. Schütze. (Bd. 46.)
Riesen und Zwerge im Zahlenreiche. Von W. Lietzmann. 2. Aufl. (Bd. 25.)
Geheimnisse der Rechenkünstler. Von Ph. Maennchen. 3. Aufl. (Bd 13.)
Wo steckt der Fehler? Von W. Lietzmann und V. Trier. 3. Aufl. (Bd. 52.)
Trugschlüsse. Gesammelt von W. Lietzmann. 3. Aufl. (Bd. 53.)
Die Quadratur des Kreises. Von E. Beutel. 2. Aufl. (Bd. 12.)
Das Delische Problem (Die Verdoppelung des Würfels). Von A. Herrmann. (Bd. 68.)
Mathematiker-Anekdoten. Von W. Ahrens. 2. Aufl. (Bd. 18.)
Scherzaufgaben und Probleme. Von J. Preuß. [In Vorb. 1926.]
Die Fallgesetze. Von H. E. Timerding. 2. Aufl. (Bd. 5.)
Kreisel. Von M. Winkelmann. [In Vorb. 1926.]
Atom- und Quantentheorie. Von P. Kirchberger. I. Atomtheorie. II. Quantentheorie. (Bd. 44 u. 45.)
Ionentheorie. Von P. Bräuer. (Bd. 38.)
Das Relativitätsprinzip. Leichtfaßlich entwickelt von A. Angersbach. (Bd. 39.)
Drahtlose Telegraphie und Telephonie in ihren physikalischen Grundlagen. Von W. Ilberg. (Bd. 62.)
Optik. Von E. Günther. [In Vorb. 1926.]
Dreht sich die Erde? Von W. Brunner. 2. Aufl. [U. d. Pr. 1926.] (Bd. 17.)
Die Grundlagen unserer Zeitrechnung. Von A. Barneck. (Bd. 29.)
Mathematische Himmelskunde. Von O. Knopf. (Bd. 63.)
Mathem. Streifzüge durch die Geschichte der Astronomie. Von P. Kirchberger. (Bd. 40.)
Theorie der Planetenbewegung. Von P. Meth. 2., umgearb. Aufl. (Bd. 8.)
Beobachtung des Himmels mit einfachen Instrumenten. Von Fr. Rusch. 2. Aufl. (Bd. 14.)
Grundzüge der Meteorologie, ihre Beobachtungsmethoden und Instrumente. Von W. König. (Bd. 70.)

Verlag von B. G. Teubner in Leipzig und Berlin

MIX
Papier aus verantwortungsvollen Quellen
Paper from responsible sources
FSC® C105338

If you have any concerns about our products,
you can contact us on
ProductSafety@springernature.com

In case Publisher is established outside the EU,
the EU authorized representative is:
**Springer Nature Customer Service Center GmbH
Europaplatz 3, 69115 Heidelberg, Germany**

Printed by Libri Plureos GmbH
in Hamburg, Germany